U0379444

普通高等教育电气信息类规划教材

电路分析实验

王超红　高德欣　王思民　编著

机械工业出版社

电路分析实验是电气、电子、通信、计算机及自动化专业的一门重要的基础课。本书以培养和提高学生的动手能力，分析问题、解决问题的能力及综合素质为目标，依据新的实验教学体系，按照教学大纲要求编写而成。全书共分 5 章。第 1 章为电路分析实验概述，包括实验的目的、要求等；第 2 章介绍电路分析实验基础知识，包括基本电量的测量及测量结果处理，常用元器件（如电阻、电容、电感）和常用仪器、仪表（如直流稳压电源、万用表、示波器、函数信号发生器、电子电压表、电流表等）的基础知识；第 3 章设置了 19 个电路分析基础实验，包括直流电路实验、单相交流电路实验、动态电路实验和三相交流电路实验等；第 4 章精选了 6 个电路设计与仿真实验；第 5 章安排了 10 个实训内容，并在附录中对 EWB 5.0 进行了介绍。

本书按不同层次、不同要求设置实验内容，循序渐进，工程特色强，可作为普通本科院校电类、信息类及相关专业电路课程的实验教材。

图书在版编目（CIP）数据

电路分析实验/王超红，高德欣，王思民编著. —北京：
机械工业出版社，2015.9（2024.8 重印）
普通高等教育电气信息类规划教材
ISBN 978-7-111-50574-7

Ⅰ.①电… Ⅱ.①王…②高…③王… Ⅲ.①电路分析-实验-高等学校-教材 Ⅳ.①TM133-33

中国版本图书馆 CIP 数据核字（2015）第 136303 号

机械工业出版社（北京市百万庄大街 22 号 邮政编码 100037）
策划编辑：尚 晨 责任编辑：尚 晨
版式设计：赵颖喆 责任印制：郜 敏
北京富资园科技发展有限公司印刷
2024 年 8 月第 1 版·第 7 次印刷
184mm×260mm·9.75 印张·236 千字
标准书号：ISBN 978-7-111-50574-7
定价：25.00 元

前　言

　　本书共分5章。第1章为电路实验概述，包括实验目的、要求等；第2章介绍电路实验的基础知识，包括基本电量的测量及测量结果处理，介绍常用元器件如电阻、电容、电感和常用仪器、仪表如直流稳压电源、万用表、示波器、函数信号发生器、电子电压表、电流表等基础知识；第3章介绍电路基础实验，包括直流电路实验、单相交流电路实验、动态电路实验和三相交流电路实验等；第4章为电路设计与仿真内容；第5章为综合实训内容。在附录中对EWB 5.0进行了介绍。

　　本书实验内容分成电路基础实验和创新设计电路实验两部分。其中电路基础实验内容丰富，通过常规基础实验的训练，使学生掌握基础实验理论、实验方法以及实验技能，培养学生的基本素质。设计创新电路实验的内容既巩固了课程知识点，又锻炼实验技能、测试方法的综合应用，创新电路提高了学生对电路知识的综合应用能力。

　　本书依据教学体系，由浅入深地进行内容安排。基础实验给出了实验电路、实验仪器设备及实验方法、步骤，写得较详细。设计与仿真实验及实训内容需要读者根据要求，自行设计实验方案，独立完成实验。

　　本书由青岛科技大学自动化与电子工程学院王超红（完成书稿的60%）、高德欣（完成书稿的20%）王思民（完成书稿的20%）编写。

　　本书可作为普通本科院校电类、信息类及相关专业电路课程的实验教材。

　　由于编者水平有限，本书难免有错误和不妥之处，恳请读者给予批评指正。

编　者

目　录

第1章 实 验 概 述

1.1 实验目的

《电路》是高等院校供电类专业一门很重要的专业基础课。电路实验作为该课程的重要教学环节，对培养学生理论联系实际的学风，培养学生研究和解决问题的能力，培养学生的创新能力和协作精神，以及培养学生针对实际问题进行电路设计制作的能力具有重要作用。

通过实验，训练学生的电路基本实践技能，使学生学会运用所学知识解决实际问题，加深对电路理论的理解和认识；学会使用常用电工仪表及相关仪器设备；学会使用设计与仿真软件（EWB）进行电路设计与仿真；能根据要求正确连接实验电路，能分析并排除实验中出现的故障；能运用理论知识对实验现象、结果进行分析和处理；能根据要求进行简单电路的设计，并正确选择电路元件及仪器设备。

1.2 实验课前准备

实验课前准备的第一个环节即实验预习。预习是实验顺利进行的保证，也有利于提高实验质量和效率。

对于验证型实验，实验课前预习应做到以下几点：

1）仔细阅读实验指导书，了解本次实验的主要目的和内容，复习并掌握与实验有关的理论知识。

2）根据给出的实验电路与元件参数，进行必要的理论计算，便于用理论指导实践。

3）了解实验中所用仪器仪表的使用方法（包括数据读取），能熟记操作要点。

4）掌握实验内容的工作原理和测量方法，明确实验过程中应注意的事项。

对于设计型实验，除了以上要求，还应做到以下几点：

1）理解实验提出的任务与要求，阅读有关的技术资料，学习相关理论知识。

2）进行电路方案设计，选择电路元件参数。

3）使用仿真软件进行电路性能仿真和优化设计，进一步确定所设计的电路原理图和元器件。

4）拟定实验步骤和测量方法，选择合适的测量仪器，画出必要的数据记录表格备用。

5）写出预习报告（无论验证型还是设计型实验）。

1.3　实验操作过程

在完成理论学习、实验课前预习后，就进入实验操作阶段。进行实验操作时要做到如下几点：

1）指导教师首先检查学生的预习报告，检查学生是否了解本次实验的目的、内容和方法。预习（报告）通过后，方可允许进行实验操作。

2）认真听取指导教师对实验设备、实验过程的讲解，对易出错的地方加以注意并做出标记（笔记）。

3）按要求（设计）的实验电路接线。一般先接主电路，后接控制电路；先串联后并联；导线尽量短，少接头，少交叉，简洁明了，便于测量。所有仪器和仪表，都要严格按规定的正确接法接入电路（例如：有电流表及功率表的电流线圈一定要串接在电路中，电压表及功率表的电压线圈一定要并接在电路中）。

4）完成电路接线后，要进行复查。对照实验电路图，逐项检查各仪表、设备、元器件连接是否正确，确定无误后，方可通电进行实验。如有异常，应立即切断电源，查找故障原因。

5）观察现象，测量数据。接通电源后，观察测量数据是否合理。数据若合理，则读取并记录，否则应切断电源，查找原因，直至正常。对于指针式仪表，"针"、"影"成一线时读数；对于数字式、指针式仪表，要注意使用合适的量程（并不是量程越大越好，被测数据达到量程的 2/3 以上为好），以减小误差。还要注意量程、单位、小数点位置及指针格数与量程换算（指针式）。量程变换时要切断电源。

6）记录所有按要求读取的数据。数据记录（记入表格）要完整、清晰，要尊重原始记录，实验后不得涂改。注意培养自己的工程意识。

7）实验内容全部完成后，可先断电，但暂不拆线，将实验数据结果交指导老师检查无误后，方可拆线，并整理好导线、仪器、仪表及设备，做到物归原位。

8）注意人身安全，绝不带电操作。另外，各设备、仪器、仪表及电路元器件的开关、旋钮不用时勿乱动，以免损坏。

9）与电网交流电源（AC220V 或 AC380V）相连接的装置（如调压器、示波器等），装置的金属外壳（或装置内的金属构件），必须可靠与交流电源的保护接地线（PE 线或 PEN 线）直接相连。

10）实验人员在操作上述装置时，应站在绝缘垫上。

1.4　实验总结与报告

实验的最后一个环节是实验总结与报告，即对实验数据进行整理，绘制波形和图表，分析实验现象，撰写实验报告。每次实验后，都要独立完成一份实验报告。撰写实验报告应持严肃认真、实事求是的科学态度。当实验结果与理论有较大出入时，不得随意修改实验数据结果，不得用凑数据的方法来向理论靠拢，而要重新进行一次实验，找出引起较大误差的原因，同时用理论知识来解释这种现象。

实验报告的一般格式如下：

1）实验名称。

2）实验目的。

3）实验原理。

4）实验仪器设备。

5）实验电路。

6）实验数据与计算（图表、曲线要规范，标明坐标物理量及单位符号）。

7）实验数据结果分析与结论。

8）由实验引发的问题思考及解决方案（探讨）。

第 2 章　电路实验基础知识

2.1　测量的基本内容

1. 电量的测量。如电流、电压、功率的测量。
2. 电路参数的测量。如电阻、电容、电感、阻抗、品质因数、等效参数、时间常数、损耗等的测量。
3. 电信号波形参数的测量。如频率、周期、相位、失真度、调幅度、调频指数等的测量。
4. 电路性能的测量。如放大量、衰减量、灵敏度、频率特性等的测量。
5. 器件特性的测量。如伏安特性、传输特性、频率特性等。

2.2　常用电路元器件基础知识

2.2.1　电阻器

电阻器是电路元件中应用最广泛的一种，在电子设备中约占元件总数的 30% 以上，其质量的好坏对电路工作的稳定性有极大的影响。电阻器的主要用途是稳定和调节电路中的电流和电压，还可用做分流器、分压器和消耗电能的负载等。

一、电阻器的分类

电阻器按结构可分为固定式和可变式两大类。

固定式电阻器一般称为"电阻"。由于制作材料和工艺的不同，可分为膜式电阻、实芯式电阻、金属线绕电阻（RX）和特殊电阻四种类型。下面具体介绍：

- 膜式电阻包括：碳膜电阻（RT）、金属膜电阻（RJ）、合成膜电阻（RH）和氧化膜电阻（RY）等。
- 实芯式电阻包括：有机实芯电阻（RS）和无机实芯电阻（RN）。
- 特殊电阻包括：MC 型光敏电阻和 MF 型热敏电阻。
- 电位器是一种具有三个接头的可变式电阻器，其阻值在一定范围内连续可调。电位器的分类有以下几种：
- 按电阻体材料分，可分为薄膜和线绕两种。
- 按调节机构的运动方式分，有旋转式和直滑式两种。
- 按结构分，可分为单联、多联、带开关、不带开关等，开关形式又有旋转式、推拉式、按键式等。
- 按用途分，可分为普通电位器、精密电位器、功率电位器、微调电位器和专用电位器等。

●按阻值随转角变化关系分，可分为线性和非线性电位器。

常用电阻器的外形及符号如图 2-1 所示。

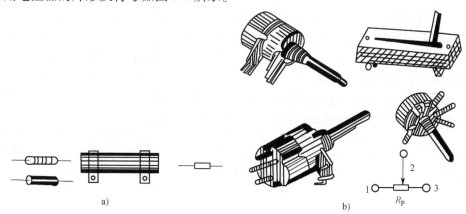

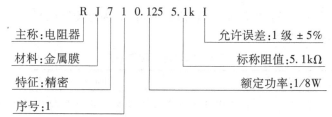

图 2-1　常用电阻器外形及符号

a) 电阻器　b) 电位器

二、电阻器的型号命名

电阻器的型号命名见表 2-1。

示例：RJ71——0.125——5.1kI 型电阻的命名及含义如下：

R　J　7　1　0.125　5.1k　I

主称：电阻器　　　　　　　　　　　允许误差：1 级 ±5%

材料：金属膜　　　　　　　　　　　标称阻值：5.1kΩ

特征：精密　　　　　　　　　　　　额定功率：1/8W

序号：1

这是精密金属膜电阻器，其额定功率为 1/8W，标称电阻值为 5.1kΩ，允许误差为 ±5%。

表 2-1　电阻器的型号命名

第一部分		第二部分		第三部分		第四部分
用字母表示主称		用字母表示材料		用数字或字母表示特征		用数字表示序号
符号	意义	符号	意义	符号	意义	
R	电阻器	T	碳膜	1，2	普通	包括：
RP	电位器	P	硼碳膜	3	超高频	●额定功率
		U	硅碳膜	4	高阻	●阻值
		C	沉积膜	5	高温	●允许误差
		H	合成膜	7	精密	●精度等级
		I	玻璃釉膜	8	电阻器—高压	
		J	金属膜		电位器—特殊函数	
		Y	氧化膜	9	特殊	
		S	有机实芯	G	高功率	
		N	无机实芯	T	可调	
		X	线绕	X	小型	
		R	热敏	L	测量用	
		G	光敏	W	微调	
		M	压敏	D	多圈	

三、电阻器的主要性能指标

1. 额定功率

电阻器的额定功率是指在规定的环境温度和湿度下，假定周围空气不流通，长期连续负载而不损坏或基本不改变性能的情况下，电阻器上允许消耗的最大功率。当超过额定功率时，电阻器的阻值将发生变化，甚至发热烧毁。为保证使用安全，一般选择额定功率比电路中消耗的功率高 1~2 倍的电阻器。

额定功率分 19 个等级，常用的有 1/20W、1/8W、1/4W、1/2W、1W、2W、4W、5W 等。在电路图中，非线性电阻器额定功率的符号表示法如图 2-2 所示。

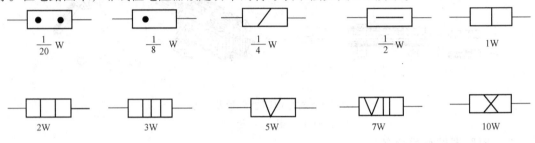

图 2-2　非线性电阻器额定功率的符号表示法

2. 标称阻值

标称阻值是产品标注的"名义"阻值，其单位为欧姆（Ω）、千欧（kΩ）、兆欧（MΩ）。标称阻值系列见表 2-2。

表 2-2　电阻器标称值系列

标称阻值系列	精度	准确度等级	电阻器标称值/Ω
E24	±10%	Ⅰ	1.0　1.1　1.2　1.3　1.5　1.6　1.8　2.0　2.2　2.4　2.7　3.0　3.3　3.6　3.9　4.3　4.7　5.1　5.6　6.2　6.8　7.5　8.2　9.1
E12	±20%	Ⅱ	1.0　1.2　1.5　1.8　2.2　2.7　3.3　3.9　4.7　5.6　6.8　8.2
E6	±5%	Ⅲ	1.0　2.2　3.3　4.7　6.8

3. 允许误差

允许误差是指电阻器和电位器实际阻值对于标称阻值的最大允许偏差范围，它表示产品的精度。允许误差等级见表 2-3。绕线电位器允许误差一般小于 ±10%，非线绕电位器的允许误差一般小于 ±20%。

表 2-3　允许误差等级

级别	005	01	02	Ⅰ	Ⅱ	Ⅲ
允许误差	±0.5%	±1%	±2%	±5%	±10%	±20%

电阻器的阻值和误差一般都用数字标印在电阻器上，但体积很小的和一些合成的电阻器，其阻值和误差常用色环来表示。在靠近电阻器的一端画有四道或五道（精密电阻）色环，其中第一、二道色环以及精密电阻的第三道色环都表示其相应位数的数字；其后的一道色环则表示前面数字乘以 10 的 n 次幂；最后的色环表示阻值的允许误差。各种颜色所代表

的意义见表2-4。

例如：图2-3a中，电阻器的第一、二、三、四道色环分别为黄、紫、黄、金色，则该电阻的阻值为 $R = (4 \times 10 + 7) \times 10^4 = 470\text{k}\Omega$，误差为 $\pm 5\%$；图2-3b中，电阻器的第一、二、三、四、五道色环分别为白、黑、黑、金、绿色，则该电阻的阻值为 $R = (9 \times 100 + 0 \times 10 + 0) \times 10^{-1} = 90\Omega$，误差为 $\pm 0.5\%$。

表2-4　色环颜色的意义

颜色	黑	棕	红	橙	黄	绿	蓝
代表数值	0	1	2	3	4	5	6
倍乘	10^0	10^1	10^2	10^3	10^4	10^5	10^6
允许误差		F（$\pm 1\%$）	G（$\pm 2\%$）			D（$\pm 0.5\%$）	C（$\pm 0.2\%$）
颜色	紫	灰	白	金	银	本色（底）	
代表数值	7	8	9				
倍乘	10^7	10^8	10^9	10^{-1}	10^{-2}		
容许误差	B（$\pm 0.1\%$）			J（$\pm 5\%$）	K（$\pm 10\%$）	（$\pm 20\%$）	

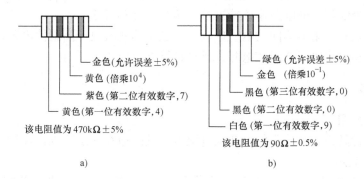

金色(允许误差±5%)
黄色(倍乘10^4)
紫色(第二位有效数字,7)
黄色(第一位有效数字,4)
该电阻值为470kΩ±5%

绿色(允许误差±5%)
金色（倍乘10^{-1}）
黑色(第三位有效数字,0)
黑色(第二位有效数字,0)
白色(第一位有效数字,9)
该电阻值为90Ω±0.5%

a)　　　　　　　　　　　　b)

图2-3　阻值和误差的色环标记

四、电阻器的简单测试

测量电阻的方法有很多，可用欧姆表、电阻电桥和数字欧姆表直接测量；也可根据欧姆定律 $R = U/I$，通过测量流过电阻的电流 I 及电阻上压降 U 来间接测量电阻。

当测量精度要求较高时，可采用电阻电桥来测量电阻。电阻电桥有惠斯顿电桥和开尔文电桥两种，这里不作详细介绍。

当测量精度要求不高时，可直接用欧姆表测量电阻。现以 MF—20 型万用表为例，介绍测量电阻的方法，首先将万用表的功能选择波段开关设置为"Ω"档，量程波段开关设置为合适档。将两根测试笔短接，表头指针应在刻度线"0"点；若不在"0"点，则要调节"Ω"旋钮（0 欧姆调整电位器）回零。调零后即可把被测电阻串接于两根测试笔之间，此时表头指针偏转，待稳定后可从刻度线上直接读出所示数值，再乘以选择的量程，即可得到被测电阻的阻值。当另换一量程时需要再次短接两测试笔，重新调零。即每换一量程，都要重新调零。

特别指出的是，在测量电阻时，不能用双手同时捏住电阻和测试笔，否则人体电阻将会与被测电阻并联在一起，表头上指示的数值就不单纯是被测电阻的阻值了。

五、选用电阻器常识

1. 根据电子设备的技术指标和具体要求选用电阻的型号和误差等级。

2. 为提高设备的可靠性，延长设备的使用寿命，应选用额定功率大于实际消耗功率1.5~2倍的电阻。

3. 电阻装接前要进行测量、核对，尤其是在精密电子仪器设备装配时，还须经人工老化处理，以提高其稳定性。

4. 在装配电子仪器时，若所用为非色环电阻，则应将电阻标称值标志朝上，且标志顺序一致，以便于观察。

5. 焊接电阻时，烙铁停留时间不宜过长。

6. 选用电阻时应根据电路信号频率的高低来选择。一个电阻可等效成一个 RLC 二端线形网络，如图2-4所示。不同类型的电阻的 R、L、C 三个参数的大小有很大差异。绕线电阻本身是电感线圈，所以不能用于高频电路中。薄膜电阻中，若电阻体上刻有螺旋槽，其工作频率在 10MHz 左右；未刻螺旋槽的工作频率则更高。

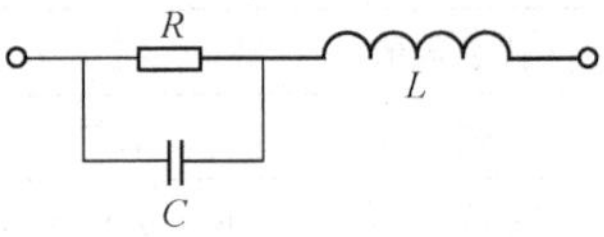

图 2-4 电阻器的等效电路

7. 电路中如须通过串联或并联电阻获得所需阻值时，应考虑其额定功率。阻值相同的电阻串联或并联，额定功率等于各个电阻额定功率之和。阻值不同的电阻串联时，额定功率取决于高阻值电阻；阻值不同的电阻并联时，额定功率取决于低阻值电阻，且须计算方可应用。

2.2.2 电位器

一、电位器介绍

电位器是一种具备三个接头的可变式电阻器，其阻值在一定范围内连续可调。

1. 电位器的表示法

电位器用字母 R_P 表示，其外形及电路符号如图2-5所示。电位器一般有三个端子：1 和 3 是固定端、2 是滑动端。其阻值可以在一定范围内变化。电位器的标称值是两个固定端的电阻值，滑动端可在两固定端之间的电阻体上滑动，使滑动端与固定端之间的电阻值在标称值范围内变化。电位器常用做可变电阻或用于调节电位。

2. 电位器的分类

电位器的种类很多，通常可按其材料、结构特点、调节机构运动方式等进行分类。

按电位器材料划分，可分为绕线和薄膜两种电位器。薄膜电位器又分为小型碳膜电位器、合成碳膜电位器、有机实芯电位器、精密合成膜电位器和多圈合成膜电位器等。绕线电位器额定功率大、噪声低、温度稳定性好，但制作成本较高、阻值范围小、分布电容和分布电感大，一般应用于电子仪器中。薄膜电位器的阻值范围宽、分布电容和分布电感小，但噪声较大、额定功率较小，

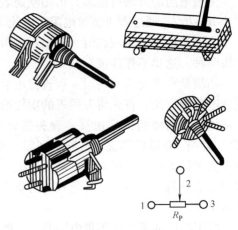

图 2-5 电位器外形及电路符号

多应用于家用电器中。

按调节机构的运动方式可分为旋转式和滑动式两种电位器。

按阻值的变化规律可分为线性和非线性电位器。

3. 电位器参数

电位器的参数主要有三项：标称值、额定功率和阻值变化规律。

（1）标称值

电位器表面所标的阻值为标称值。标称值是按国家规定标准化了的电阻系列值，不同准确度等级的电阻器有不同的阻值系列，具体见表2-2。

使用时可将表中所列数值乘以 10^n（n 为整数），例如"1.1"包括 1.1Ω、11Ω、110Ω、$1.1k\Omega$、$11k\Omega$、$110k\Omega$ 等阻值系列。在电路设计时，计算出的电阻值要尽量选择标称值系列，这样才能选购到所需的电阻。

（2）额定功率

电位器的额定功率是指两个固定端之间允许耗散的最大功率，滑动头与固定端之间所承受的功率要小于额定功率。线绕电位器额定功率系列为 0.25W、0.5W、1W、2W、3W、5W、10W、16W、25W、40W、63W、100W；非线绕电位器功率系列为 0.025W、0.05W、0.1W、0.25W、0.5W、1W、2W、3W 等。

（3）阻值变化规律

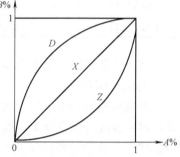

图2-6 阻值随旋转角的变化规律

$A\%$—旋转角度百分比 $B\%$—阻值百分比（以标称阻值为基数）

电位器的阻值变化规律是指当旋转滑动触点时，阻值随旋转角变化的关系。常用的电位器有直线式（X）、对数式（D）和指数式（Z）。其变化规律如图2-6所示。

二、使用方法

当电位器用做可变电阻时，连接电路如图2-7所示，这时将 2 点和 3 端连接，调节 2 点位置，1 和 3 端的电阻值会随 2 点的位置而改变。

当电位器用于调节电位时，连接电路如图2-8所示，输入电压 U_i 加在 1 和 3 的两端，改变 2 点的位置，2 点的电位就会随之改变，起到调节电位的作用。

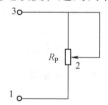

图2-7 电位器用作可变电阻

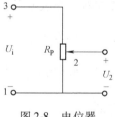

图2-8 电位器

三、注意事项

1. 移动滑动端调节电阻时，用力要轻。

2. 对数式电位器和指数式电位器要先粗调，后细调。

2.2.3 特殊电阻器

特殊电阻器又称为敏感型电阻。在常态下的阻值是固定的，当外界条件发生变化时，其阻值也随之发生变化。常见的有热敏、光敏、压敏电阻器等。

敏感型电阻器产品型号由下列四部分组成：第一部分为主称（用字母 M 表示）；第二部分为类别（用字母表示），具体见表 2-5；第三部分为用途或特征（用数字表示），具体见表 2-6；第四部分为序号（用数字表示）。

表 2-5　敏感电阻器型号中类别部分的字母含义

字母	敏感电阻器类型	字母	敏感电阻器类型
F	负温度系数热敏电阻	S	湿敏电阻
Z	正温度系数热敏电阻	Q	气敏电阻
G	光敏电阻	L	力敏电阻
Y	压敏电阻	C	磁敏电阻

表 2-6　敏感电阻器用途或特征部分的数字含义

产品名称＼符号	0	1	2	3	4	5	6	7	8	9
负温度系数热敏电阻器	特殊用途	普通	稳压	微波测量	旁热式	测温	控温		线性型	
正温度系数热敏电阻器		普通				测温	控温	消磁		恒温
光敏电阻器	特殊	紫外光	紫外光	紫外光	可见光	可见光	可见光	红外光	红外光	红外光
力敏电阻器		硅应变片	硅应变环	硅环						

下面介绍常用的热敏电阻器和光敏电阻器。

1. 热敏电阻器

热敏电阻器是利用半导体的电阻率受温度影响大的特性制成的温度敏感器件。热敏电阻器按电阻—温度特性可分为负温度系数热敏电阻器（简称 NTC）和正温度系数热敏电阻器（简称 PTC）。它们的阻值随温度的增加而减小或增加，广泛应用于温度测量和温度自动控制中，其符号如图 2-9 所示。

2. 光敏电阻器

光敏电阻器是利用半导体的电阻率受光照影响大的性质制成的。光敏电阻器一般具有两个状态，即高阻值态和低阻值态。无光照射时，其阻值可达 $1.5M\Omega$；而有光照射时，其阻值减小到 $1k\Omega$ 左右。光敏电阻器主要应用于光控电路中，其符号如图 2-10 所示。

图 2-9　热敏电阻器符号　　　　　　　　　图 2-10　光敏电阻器符号

2.2.4　电容器

1. 电容的定义

电容器是电路中常用的器件，它由两个导电极板，中间夹一层绝缘介质构成。当在两个导电极板上加电压时，电极上就会储存电荷。它是储存电能的器件，主要参数是电容。

电容元件是从实际电容器抽象出来的模型，对于线性非时变的电容，其定义如下：

$$C = \frac{q(t)}{u(t)}$$

式中，$q(t)$为电容上电荷的瞬时值；$u(t)$为电容两端电压的瞬时值。

2. 电容的符号及单位

电容用字母 C 表示，基本单位是 F（法拉），辅助单位有 μF（微法，10^{-6} F）、nF（纳法，10^{-9}F）、pF（皮法，10^{-12}F）。常用的为 μF 和 pF。电容的图形符号如图 2-11 所示。

a)　　b)

图 2-11　电容的图形符号

a）电容　b）极性电容

电容器有隔直通交的特点，因此，在电路中通常可完成隔直流、滤波、旁路、信号调谐等功能，在关联参考方向下，其约束关系如下：

$$i = C\frac{\mathrm{d}u(t)}{\mathrm{d}t}$$

上式说明，电容电路中的电流与其上电压大小无关，只与电压的变化率有关，故称电容为动态元件。

3. 电容器的分类

电容器按照结构可分为固定电容器、可变电容器和微调电容器，分类如图 2-12 所示。按介质材料可分为有机介质、无机介质、气体介质和电解质电容器等，分类如图 2-13 所示。

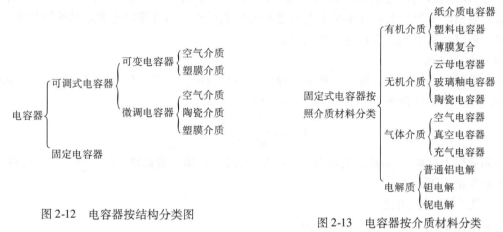

- 电容器
  - 可调式电容器
    - 可变电容器
      - 空气介质
      - 塑膜介质
    - 微调电容器
      - 空气介质
      - 陶瓷介质
      - 塑膜介质
  - 固定电容器

图 2-12　电容器按结构分类图

- 固定式电容器按照介质材料分类
  - 有机介质
    - 纸介质电容器
    - 塑料电容器
    - 薄膜复合
  - 无机介质
    - 云母电容器
    - 玻璃釉电容器
    - 陶瓷电容器
  - 气体介质
    - 空气电容器
    - 真空电容器
    - 充气电容器
  - 电解质
    - 普通铝电解
    - 钽电解
    - 铌电解

图 2-13　电容器按介质材料分类

4. 电容器的主要参数

电容器的主要参数有标称容量、额定工作电压、绝缘电阻、介质损耗等。

（1）标称容量及精度

电容量是指电容器两端加上电压后储存电荷的能力。标称容量是电容器外表面所标注的电容量，是标准化了的电容值，其数值同电阻器一样，也采用 E24、E12、E6 标称系列。当标称容量范围在 0.1 ~ 1μF 时，采用 E6 系列。固定式电容器的标称容量系列见表 2-7。

表 2-7　固定式电容器的标称容量系列

系列	精度	标称值/Ω
E24	+5%	1.0　1.1　1.2　1.3　1.5　1.6　1.8　2.0　2.2　2.4　2.7　3.0　3.3　3.6　3.9　4.3　4.7　5.1　5.6　6.2　6.8　7.5　8.2　9.1
E12	+10%	1.0　1.2　1.5　1.8　2.2　2.7　3.3　3.9　4.7　5.6　6.8　8.2
E6	+20%	1.0　1.5　2.2　3.3　4.7　6.8

表中数值再乘以 10^n。其中 n 为正整数或负整数。

（2）额定工作电压

电容器在规定的工作温度范围内长期、可靠地工作所能承受的最高电压称为额定工作电压。若工作电压超出这个电压值，电容器就会被击穿损坏。额定工作电压通常指直流电压。常用固定式电容器的工作电压系列见表2-8。电解电容器和体积较大的电容器的额定电压值直接标在电容器的外表面上，体积小的只能根据型号判断。

表2-8 固定式电容器工作电压系列　　　　　　　　（单位：V）

1.6	4	6.3	10	16	25	32	40
50	63	100	125	160	250	300	400
450	500	630	1000	1600	2000	2500	3000
4000	5000	6300	8000	10000	15000	20000	25000
30000	35000	40000	45000	50000	60000	80000	100000

（3）绝缘电阻及漏电电流

电容器的绝缘电阻是指电容器两极之间的电阻，或叫漏电电阻。电解电容的漏电电流较大，通常给出漏电流参数；其他类型电容器的漏电流很小，用绝缘电阻表示其绝缘性能。绝缘电阻一般应在数百兆欧姆到数千兆欧姆数量级。

（4）介质损耗

介质损耗，是指介质缓慢极化和介质导电所引起的损耗。通常用损耗功率和电容器的无功功率之比，即损耗角的正切值表示，公式如下：

$$\tan\delta = \frac{损耗功率}{无功功率}$$

不同介质电容器的 $\tan\delta$ 值相差很大，一般在 $10^{-2} \sim 10^{-4}$ 数量级。损耗较大的电容器不适合于高频情况下工作。

5. 电容器的标注方法

电容器的标注方法有直接标注法和色码法。

（1）直接标注法

直接标注法是用字母或数字将与电容器有关的参数标注在电容器表面上。对于体积较大的电容器，可标注材料、标称值、单位、允许误差和额定工作电压，或只标注标称容量和额定工作电压；而对体积较小的电容器，则只标注容量和单位，有时只标注容量不标注单位，此时当数字大于1时单位为pF，小于1时单位为μF。

电容器主要参数标注的顺序如下：

●第一部分，主称，用字母C表示电容。

●第二部分，用字母表示介质材料，其对应关系见表2-9。

●第三部分，用字母表示特征。

●第四部分，用字母或数字表示，包括品种、尺寸代号、温度特征、直流工作电压、标称值、允许误差、标准代号等。

如 CJX250 0.33 ±10%，表示金属化纸介质小型电容器，容量为 0.33μF，允许误差 ±10% 额定工作电压为250V。

又如 CD25V47μF，表示额定工作电压为25V、标称容量为47μF的铝电解电容。CL 为聚酯（涤纶）电容器，CB 为聚苯乙烯电容器，CBB 为聚丙烯电容器，CC 为高频瓷介质电容器，CT 为低频瓷介质电容器等。

表 2-9 电容器的介质材料采用的标注字母

字母	介质材料	字母	介质材料	字母	介质材料
A	钽电解	H	纸膜复合	Q	漆膜
B	聚苯乙烯等非极性有机薄膜	I	玻璃釉	T	低频陶瓷
C	高瓷电解	J	金属化纸	V	云母纸
D	铝电解	L	聚酯等极性有机薄膜	Y	云母
E	其他材料电解	N	铌电解	Z	纸
G	合金电解	O	玻璃膜		

用数字标注容量有以下几种方法：

1）只标数字，如 4700、300、0.22、0.01。此时指电容的容量是 4700μF、300μF、0.22μF、0.01μF。

2）以 n 为单位，如 10n、100n、4n7。他们的容量是 0.01μF、0.1μF、4700pF。

3）另一种表示方法是用三位数码表示容量大小，单位是 pF，前两位是有效数字，后一位是零的个数。例如：

- 102，它的容量为 $10 \times 10^2 pF = 1000pF$，读做 1000pF。
- 103，它的容量为 $10 \times 10^3 pF = 10000pF$，读做 0.01μF。
- 104，它的容量为 100000pF，读做 0.1μF。
- 332，它的容量为 3300pF，读做 3300pF。
- 473，它的容量为 47000pF，读做 0.047μF。

第三位数字如果是 9，则乘 10^{-1}，如 339 表示 $33 \times 10^{-1} pF = 3.3pF$。

由以上可以总结出，直接数字标注法的电容器，其电容量的一般读数原则是：10^4 以下的读 pF，10^4 以上（含 10^4）的读 μF。

（2）色码法

电容器的色码法与电阻器相似，各种色环所表示的有效数字和乘数见表 2-4。

电容器的色标一般有三种颜色，从电容器的顶端向引线方向，依次是第一位有效数字环、第二位有效数字环、乘数环，单位为 pF。若两位有效数字的色环是同一种颜色，就涂成一道宽的色环。

6. 电容器的选用

电容器的种类很多，应根据电路的需要，考虑以下因素，合理选用。

（1）选用合适的介质

电容器的介质不同，性能差异较大，用途也不完全相同，应根据电容器在电路中的作用及实际电路的要求，合理选用。一般电源滤波、低频耦合、去耦、旁路等，可选用电解电容器；高频电路应选用云母或高频瓷介电容器。聚丙烯电容器可代替云母电容器。

（2）标称容量及允许误差

因为电容器在制造中容量控制较难，不同精度的电容器其价格相差较大，所以应根据电路的实际需要选择。对精度要求不高的电路，选用容量相近或容量大些的即可，如旁路、去耦及低频耦合等；但在精度要求高的电路中，应按设计值选用。在确定电容器的容量时，要根据标称系列值来选择。

（3）额定工作电压

电容器的耐压是一个很重要的参数，在选用时，器件的额定工作电压一定要高于实际电路工作电压的 1～2 倍。但电解电容器是个例外，电路的实际工作电压为电解电容器额定工作电压的 50%～70%。如果额定工作电压远高于实际电路的电压，会使成本增加。

7. 性能测量

准确测量电容器的容量，需要专用的电容表。有的数字万用表也有电容档，可以测量电容值。通常可以用模拟万用表的电阻档，检测电容的性能好坏。

1）档位选择

用万用表的电阻档检测电容器的性能，要选择合适的档位。大容量的电容器，应选小电阻档；反之，选大电阻档。一般 50μF 以上的电容器宜选用 R×100 或更小的电阻档，1 ～ 50μF 之间用 R×1k 档；1μF 以下用 R×10k 档。

2）检测电容器的漏电电阻的方法

用万用表的表笔与电容器的两引线接触，随着充电过程结束，指针应回到接近无穷大处，此处的电阻值即为漏电电阻。一般电容器的漏电电阻为几百至几千兆欧姆。测量时，若表针指到或接近欧姆零点，表明电容器内部短路；若指针不动，始终指在无穷处，则表明电容器内部开路或失效。对于容量在 0.1μF 以下的电容器，由于漏电电阻接近无穷大，难以分辨，故不能用此方法检查电容器内部是否开路。

2.2.5 电感器及互感器

一、电感器

电感器又称电感线圈，由绕在磁性或非磁性材料芯体上的导线组成，是一种存储磁场能量的器件。

1. 电感器的分类

电感器的种类很多，根据电感系数是否可调可分为固定电感和可调电感；按芯体材料来分，又可以分为磁心电感器和空心（非磁性材料芯）电感器；按功能又可分为振荡线圈、耦合线圈、偏转线圈及滤波线圈等。一般低频电感器大多采用铁心（铁氧体）或磁心，而中、高频电感器则采用特制的空心或高频磁心，如电视机高频调谐器中的电感器。其图形符号如图 2-14 所示。

空心电感线圈　　磁芯电感线圈　　磁芯可调电感器

图 2-14　电感器图形符号

2. 电感器参数

电感元件是由实际电感器抽象出来的模型。用于描述电感器特性的主要参数是电感（自感）系数 L。对于线性定常电感（无铁心）L 定义如下：

$$L = \frac{\psi_1}{i_1} = \frac{N\phi}{i_1} = \frac{\mu N^2 S}{l} \quad (\text{因为磁链 } \psi_1 = N\phi \propto Li_1 \propto i_1)$$

式中，N 是线圈匝数；ϕ、i_1 分别为线圈中磁通和线圈中电流；S、l 分别为线圈横截面积和长度；μ 为材料芯的导磁率。

电感系数 L 反映线圈存储磁场能量的能力，其特性与线圈构造及材料性质有关。另外，还有品质因数 Q、额定电流 I_N、分布电容 C_0 等参数。下面分别介绍：

● 品质因数 Q：是电感线圈无功功率与有功功率的比值。Q 值越高，功率损耗越小，功率越高，选择性越好。

● 额定电流 I_N 是线圈长时间工作所通过的最大电流。

● 分布电容 C_0 是线圈匝与匝之间、层与层之间、线圈与地、线圈与外壳等的寄生电容。

实际电感器等效电路如图 2-15 所示（r_0 为线圈直流电阻）。

电（自）感系数 L 一般都直接标注在电感器上，标称误差在 5% ~ 20% 之间。电感器的参数可用专用仪器测量，如 Q 表、数字电桥等。用万用表 Ω 档，通过测量线圈直流电阻 r_0，可大致判断

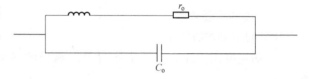

图 2-15　电感器等效电路

其好坏。一般 r_0 应很小，（零点几欧姆至几十欧姆）。当 $r_0 = \infty$ 时，表明线圈内部或引出端线已断线。与电阻器、电容器不同的是，电感线圈没有品种齐全的标准产品，特别是一些高频小电感器，通常需要自行设计制作。

二、互感器

互感器是在同一个芯体上绕制成两组线圈的器件，也可以由两个不同芯体的线圈套在一起构成，这两个互相靠近的线圈会产生相互感应。相互感应的程度如何，用互感系数 M 表示，公式如下：

$$M_{12} = \frac{\psi_{12}}{i_{L2}} = \frac{N_1 \phi_{12}}{i_{L2}} = M_{21} = \frac{\psi_{21}}{i_{L1}} = \frac{N_2 \phi_{21}}{i_{L1}}$$

式中，ψ_{12}、ψ_{21} 分别为线圈中电流 i_{L2}、i_{L1} 在 N_1（匝数）、N_2 线圈中产生的磁链。

互感器在电路中起变换电压、变换电流和变换电阻的作用。互感器中两个线圈的耦合程度（松、紧）用耦合系数 K 来计算，$K = 1$ 为理想的全耦合情况，公式如下：

$$K = \sqrt{\frac{M^2}{L_1 L_2}} = \frac{M}{\sqrt{L_1 L_2}} \leqslant 1$$

2.2.6　开关

开关是一种能将电路接通和断开的器件。开关断开，则开关端电阻 $R = \infty$，开关闭合则 $R = 0$。

开关种类很多。有触点手动式、压力控制式、光电控制式、超声控制式等。而"电子开关"则是一些由有源器件构成的电子控制单元电路。下面仅介绍触点手动式开关。

1. 触点手动式开关的分类和结构

手动式开关按结构特点可分为旋转开关、按钮开关、滑动开关；按用途可分为琴键开

关、微动开关、电源开关、波段开关、多位开关、转换开关、拨码开关和触摸开关。

一个简单的开关通常有两个触点，当这两个触点不接触时，电路断开，接触时（闭合）电路接通。活动的触点叫做"极"，静止的触点叫"位"。单极单位开关，只能通断一条电路；单极双位开关，可选通（断）两条电路中的一条；而双极双位开关，可同时接通（断开）两条独立的电路；多极多位开关可依此类推。开关的"极"和"位"如图 2-16 所示。

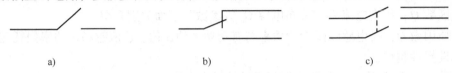

图 2-16 开关的"极"和"位"图形符号

a）单极单位 b）单极双位 c）双极双位

2. 开关的主要参数

开关的主要参数如下：

1）额定电压：开关正常工作时可以承受的最大电压。用于交流电路时则指电压有效值。

2）额定电流：开关正常工作时所允许通过的最大电流。

3）接触电阻：开关接通两触点之间的电阻值。此值越小越好。

4）绝缘电阻：指开关不接触的各导电部分的电阻值。此值越大越好，一般在 $100M\Omega$ 以上。

3. 开关的选用

开关的使用比较简单，使用前先用万用表进行测量，分清"极"和"位"，然后安装即可。应注意的是，选用时除电器参数外，还要根据具体情况，考虑到结构形式、外形尺寸等。这样选用的开关才能够既满足电路功能要求，又便于安装、操作。

2.3 常用电工仪表的使用

2.3.1 直流稳压电源与恒流源

一、仪器介绍

本仪器分为稳压电压源和稳压电流源两大部分。每部分均由两路电源输出、两个电源开关、两个粗调量程旋钮和细调旋钮、一个显示屏幕和一个显示屏幕切换按钮组成。

粗调旋钮上标有三个等级，两路电源输出共用一个屏幕显示，当显示 A 路输出时，切换按钮按下；当显示 B 路输出时，切换按钮弹出。

其中，电压源每路的输出为 0～30V，电流源每路的输出为 0～30A，分档连续可调。它们可单独使用，也可同时使用，若使用较高的电压时（大于 30V），可将两路串联起来使用；若使用较高的电流时（大于 30A），可将两路并联起来使用。

二、使用方法

1. 接通 220V 交流电源，指示灯亮。

2. 将所需电压源（电流源）的"＋"、"－"接线柱分别与电路的相对应端接好后，打开对应的开关按钮。这样，该稳压电源就加入到电路中。

3. 根据所需要的电压（电流），首先调节粗调量程旋钮，选择所需要的电压（电流）等级，分为 10V、20V、30V（10A、20A、30A）三个等级。然后再调节细调旋钮，直至显示屏上的数据为所需要的电压（电流）为止。

三、注意事项

1. 电压源的两个端子不能短接。

2. 因为电流源不能开路，所以电流源在未接入电路之前，不能将其电源开关打开。

2.3.2 函数信号发生器

一、仪器介绍

函数信号发生器采用精密电流源电路，使输出信号在整个频带内具有较高的精度，可输出正弦波、三角波、方波等，还有锯齿波和脉冲波等多种非对称波形输出。同时，对多种波形均可实现扫描功能。其前面板示意图如图 2-17 所示，仪器各个部分的功能介绍如下：

①项为占空比调节旋钮，其功能为改变输出信号的对称性，处于"关"位置时输出对称信号。

②项为频率显示窗口，其功能为显示输出信号的频率或外测频信号的频率。

③项为幅度显示窗口，其功能为显示当前输出信号的幅度。

④项为扫描宽度调节旋钮，其功能为调节内扫描时间长短，在外测频时，逆时针旋到底（灯亮），为外输入测量信号经过低通开关进入测量系统。

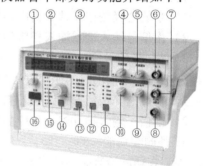

图 2-17 函数信号发生器

⑤项为扫描速率调节旋钮，其功能为调节被扫描信号的频率范围，在外测频时，当电位器逆时针旋到底（灯亮），则外输入信号经过 20dB 衰减进入测量系统。

⑥项为信号输入端，其功能为当第⑬项功能选择为"外部扫描"或"外部计数"时，外部扫描信号或外测频信号由此输入。

⑦项为 TTL 输出端，其功能为输出标准的 TTL 脉冲信号，输出阻抗为 600Ω。

⑧项为函数信号输出端，其功能为输出多种受控的函数信号，输出幅度为 20Vp-p。

⑨项为直流电平调节旋钮，其功能为预置输出信号的直流电平，范围为 −5 ~ +5V，当电位器处于"关"位置时，则直流电平为 0V。

⑩项为函数信号输出幅度调节旋钮，其功能为在当前幅度档级连续调节，范围为 20dB。

⑪项为衰减控制按钮，其功能为选择当前输出信号幅度的档级。

⑫项为波形选择按钮，其功能为选择当前输出信号的波形。

⑬项为功能选择按钮，其功能为选择仪器的各种功能。

⑭项为频段选择按钮，其功能为选择当前输出信号频率的档级。

⑮项为频率细调旋钮，其功能为在当前频段内连续改变输出信号的频率。

⑯项为电源开关，其功能为按入接通电源，弹出断开电源。

二、使用方法

1. 函数信号输出

函数信号输出时的使用方法如下：

1）以终端连接 50Ω 匹配器测试电缆，由函数信号输出端⑧输出函数信号。

2）将电源开关按钮按下，信号发生器接通电源。

3）由频段选择按钮⑭选定输出函数信号的频段，由频率细调旋钮⑮调整输出信号频率，直到获得所需的工作频率值。

4）由波形选择按钮调节函数信号输出幅度调节旋钮⑩调节输出信号的幅度。

5）调节占空比调节旋钮①选择当前输出信号的波形，可获得正弦波、三角波、脉冲播。

6）调节占空比旋钮，使之输出需要的波形。

2. 内扫描信号输出

内扫描信号输出时的使用方法如下：

1）功能选择按钮⑬选定为内扫描方式。

2）由信号输入端⑥输入相应的控制信号，即可得到相应的受控扫描信号。

3. 外扫描信号输出

外扫描信号输出时的使用方法如下：

1）功能选择按钮⑬选定为外扫描方式。

2）由信号输入端⑥输入相应的控制信号，即可得到相应的受控扫描信号。

4. 外测频功能检测

外测频功能检测时的使用方法如下：

1）功能选择按钮⑬选定为"外计数方式"。

2）用本机提供的测试电缆，将函数信号引入信号输入端⑥，观察显示频率与"内"测量频率相同。

2.3.3　电流表及电压表

一、电流表的工作原理

电流表测量电流时应串联在电路中使用，为确保电路工作不因接入电流表而受影响，电流表的内阻应非常小。因此，如果不慎将电流表并联在电路的两端，则电流表将被烧毁。在使用时必须特别小心。测量直流电流通常采用磁电系电流表，测量交流电流常采用电磁系电流表。

磁电系测量机构用来测量电流时，因可动线圈的导线很细，电流又须经过游丝，所以允许通过的电流时很小，通常只能用做检流计、微安表和毫安表。

如图 2-18 所示，为了扩大磁电系电流表测量的量程，以测量较大的电流，在可动线圈上并联电阻 R_d，使大部分电流从并联电阻 R_d 中流过，而可动线圈只流过其允许通过的电流。这个并联电阻 R_d 称为分流电阻或分流器。

这样，当磁电系电流表电流为 I_s 时，若分流电阻为 R_d，则实际测量的电流大小如下：

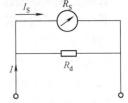

图 2-18　电流表的分流

$$I = \frac{R_\text{S} + R_\text{d}}{R_\text{d}} I_\text{S}$$

根据上式可知，当需要测量的电流越大时，则分流电阻 R_d 必须越小。多量程的电流表的表面上有几个不同量程的接头，这些接头与仪表内部的分流器相连，分流器由不同电阻值的电阻构成。使用时根据被测电流的大小，选择不同的量程接头。设：

$$n = \frac{I}{I_\text{S}} = \frac{R_\text{S} + R_\text{d}}{R_\text{d}}$$

则

$$R_\text{d} = \frac{R_\text{S}}{n - 1}$$

上式表明，将磁电系电流表量程扩大 n 倍时，分流电阻 R_d 的值应为磁电系测量电流表机构的内阻 R_S 的 $1/n - 1$。

用电磁系仪表来测量交流电流时，根据电磁系仪表的工作原理，可以把固定线圈直接串联在被测电路中。由于被测电流不通过可动部分和游丝，因而可以制成直接测量大电流的电流表，而不需要采用分流器来扩大量程。电磁系仪表有时采用固定式线圈分段串/并联的方式来改变量程。

二、电压表的工作原理

测量直流电压常用磁电系电压表，测量交流电压常用电磁系电压表。电压表是用来测量电源、负载或某元件两端电压的，所以必须与它们并联。

磁电系测量机构的角位移与电流成正比，而测量机构的电阻一定时，角位移与其两端的电压成正比，将测量机构和被测电阻并联，就能测量其电压。但由于磁电系测量机构的内阻不大，允许通过的电流又小，因此测量的电压范围也就很小。为了测量高电压，可用一只较大的电阻与测量机构串联，如图 2-19 所示，其中 R_d 为分压电阻。

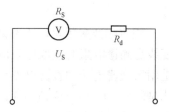

图 2-19　电压表的分压

串联电阻以后，被测量电压 U 与测量机构本身的两端电压 U_S 之比如下：

$$m = \frac{U}{U_\text{S}} = \frac{R_\text{S} + R_\text{d}}{R_\text{S}}$$

所以

$$R_\text{d} = (m - 1) R_\text{S}$$

上式表明，将磁电系电压表测量机构的量程扩大 m 倍时，分压电阻 R_d 应为磁电系电压表测量机构内阻 R_S 的 $m - 1$ 倍。即需要扩大的量程越大，分压器的电阻应越高。多量程电压表的表面上具有几个标有不同量程的接线端，这些接线端分别与表内相应电阻值的分压器串联。使用时应根据被测电压的大小，选择不同的量程。

电磁系仪表做成电压表时，电压表量程的扩大方法也同样采用串联附加电阻的方法。

2.3.4　万用表

万用表具有用途多，量程广，使用方便等优点，是电子测量中最常用的工具。一般的万用表可以用来测量电阻，交直流电压，交直流电流和音频电平等物理量。有的万用表还可以测量晶体管的主要参数及电容器的电容量等。常见的万用表分为指针式和数字式两类。指针式万用表是以表头为核心部件的多功能测量仪表，测量值由表头指针指示读取。数字式万用表的测量值由液晶显示屏直接以数字的形式显示，读取方便，有些还带有语音提示功能。万用表是共用一个表头，集电压表、电流表和欧姆表功能于一体的仪表。

指针式、数字式万用表都由指示装置、测量线路、转换开关以及外壳组成。指示装置用来指示被测量的数值；测量线路用来把各种被测量转换为用以驱动指示装置的直流微小电流；转换开关用来实现对不同测量线路的选择，以适合各种测量的要求。

下面以常见的 MF-500 型指针式万用表、VC9807A 型数字式万用表为例，简要说明它们的结构、技术特性以及使用方法。

一、MF-500 型指针式万用表

1. MF-500 型万用表的结构

指针式万用表的测量装置习惯上称做表头，通常是选用高灵敏度的磁电系测量机构，其满偏电流约为几微安到几百微安。表头本身的准确度较高，一般都在 0.5 级以上。万用表的面板上有多条带有标度尺的标度盘，标度盘带有反射镜，以减少读数时的视差。外用表的外壳上装有转换开关旋钮、零位调节旋钮、欧姆档零位旋钮以及供接线用的插孔或接线柱等。MF500 型万用表面板如图 2-20 所示。

（1）表盘

表盘由刻度线、指针和机械调零钉组成，由指针所指刻度线的位置读取测量值，机械调零钉位于表盘下部中间的位置。

MF500 型多用表有 4 条刻度线。从上往下数，第一条刻度线是测量电阻时读取电阻值的欧姆刻度线。第二条刻度线是用于交流电压和直流电流读数的共用刻度线。第三条刻度线是测量 10V 以下交流电压的专用刻度线。第四条刻度线是测量晶体管放大倍数的专用刻度线。

（2）转换开关

转换开关的作用是选择测量的项目及量程，具体介绍如下：

图 2-20　MF500 型万用表
面板示意图

1）直流电压，有 2.5V、10V、50V、250V、500V 五个量程档位。

2）交流电压，有 10V、50V、250V、500V 四个量程档位。

3）直流电流，有 1mA、10mA、100mA、500mA 三个常用档位，及 50μA 扩展量程档位。

4）电阻，有 ×1、×10、×100、×1k、×10k 五个倍率档位。

5）h_{FE} 为测量晶体管直流放大倍数的专用档位。

2. MF-500 型万用表的功能与技术特性

万用表的主要功能有：直流电流测量、直流电压测量、交流电流测量、交流电压测量、电阻的测量、电平的测量以及静态管直流放大倍数的测量。MF-500 型万用表的测量线路是由带有多量程的直流电流表、多量程的直流电压表、低量程整流式电流表、交流电压表以及多量程欧姆表等几种线路组合而成。构成测量线路的主要元件是各种类型、各种规格的电阻元件，如绕线电阻、碳膜电阻、电位器等。此外，在测量交流电流、电压的线路时，万用表将其转换为表头能测量的微小直流电流。

在万用表中，转换开关用来切换不同测量线路，实现测量的种类和量程的选择。普通万用表一般都采用机械接触式转换开关，它是由固定触点和移动触点组成。通常把移动触点称做"刀"，而把固定触点称为"掷"。由于万用表的测量种类众多，而且每一种测量种类又有多个量程，所以万用表的转换开关是特别的，通常具有多刀和几十掷，各刀之间是同步联动的。当旋转转换开关旋钮时，各刀跟着一起旋转，在某一位置上与相应的掷闭合，使相应的测量线路与表头和输入端钮接通。

MF-500 型万用表具有灵敏度高，防御外磁场干扰能力强以及工作频率范围较宽等特点。但是由于万用表采用整流电路，其交流档测量出的数值是交流平均值，而它的刻度尺是按正弦交流电量的有效值设置的，因此，在测量非正弦交流电量时，其波形失真较大。

3. MF-500 型万用表的使用以及注意事项

通常，在使用指针式万用表时要注意以下几点：

1）在使用万用表之前，应先进行"机械调零"，即在没有被测电量时，使万用表指针指在零电压或零电流的位置上。

2）测量之前，应该检查表笔接在什么位置。黑色表笔应该接到标有"－"符号的插孔内，红色表笔应该接到标有"＋"符号的插孔内或相应的专用插孔内。

3）在使用万用表过程中，不能用手去接触表笔的金属部分，这样一方面可以保证测量的准确，另一方面也可以保证人身安全。

4）在测量某一电量时，不能在测量的同时换档，尤其是在测量高电压或大电流时。否则，会毁坏万用表。如需换档，应先断开表笔，换档后再去测量。

5）选择适当的量程。用万用表测量交直流电流或电压时，其量程选择的要求是指针工作在满刻度的 2/3 以上区域，以保证测量结果的准确度。用万用表测电阻时，则应注意使指针在中心刻度的 0.1 ~ 10 倍之间。如果测量前无法估计出被测量的大致范围，则应把转换开关先旋至最大量程的位置进行粗测，然后再选择适当的量程进行精确测量。

6）万用表在使用时，必须水平放置，以免造成误差。同时，还要注意避免外界磁场对万用表的影响。

7）万用表使用完毕，应将转换开关置于交流电压的最大档。如果长期不使用，还应将万用表内部的电池取出来，以免电池腐蚀表内其他器件。

8）使用万用表的欧姆档时，应注意如下问题：

①选择合适的倍率。在欧姆档测量电阻时，应选适当的倍率，使指针指示在中值附近。最好不使用刻度左边 1/3 的部分，这部分刻度密集，读数效果很差。

②使用前要调零。

③不能带电测量。

④被测电阻不能有并联支路。

⑤测量晶体管、电解电容等有极性元件的等效电阻时，必须注意两支测试笔的极性。

⑥用万用表不同倍率的欧姆档测量非线性元件的等效电阻时，测出电阻值是不相同的。这是由于各档位的中值电阻和满度电流各不相同所造成的，机械表中，一般倍率越小，测出的阻值越小。

9）万用表测直流时，应注意以下几点：

①进行机械调零。

②选择合适的量程档位。

③使用万用表电流档测量电流时，应将万用表串联在被测电路中，因为只有串联才会使流过电流表的电流与被测支路电流相同。测量时，应断开被测支路，将万用表红、黑表笔串接在被测支路断开的两点之间。特别应注意电流表不能并联接在被测电路中，这样做是很危险的，极易使万用表烧毁。

④注意被测电量极性。

⑤正确使用刻度和读数。

二、VC9807A 型数字式万用表

数字万用表是近年来涌现的先进的测量仪表，它能对多种电量进行直接测量并将测量结果用数字显示。与模拟式万用表相比，其各项性能指标均有大幅度提高。从结构上看，数字式万用表与模拟式万用表的主要差别有两点：第一，数字万用表是在数字电压表的基础上扩展而成的，而模拟式万用表则是在电流表的基础上扩展而成的；第二，在数字万用表中，用模-数转换、显示逻辑以及显示器这三块独立的逻辑组件来代替模拟万用表简单的表头。

1. 数字万用表的构造与基本原理

（1）VC9807A 型数字式万用表的结构

VC9807A 仪表是一种性能稳定、电池驱动的高可靠性 $4\frac{1}{2}$ 数字式万用表。仪表采用 26mm 字高的大液晶显示器，读数清晰，其外形如图 2-21 所示。

此表可直接测量直流和交流电压，直流和交流电流、电容、电感、电阻、二极管、晶体管、通断测量以及音频频率。同时此仪表还设计有过载保护、自动断电及数据保持等功能。整机电路以大规模双积分 A-D 转换器为核心，操作更简便，读数更精确。整机电路包括以下部分：

1）A-D 转换电路。

2）小数点及低电压指示符的驱动电路。

3）直流电压测量电路。

4）交流电压测量电路。

5）直流电流测量电路。

6）交流电流测量电路。

7）200Ω ~ 20MΩ 档电阻测量电路。

8）200MΩ 档电阻测量电路。

9）电容测量电路。

10）晶体管 h_{FE} 测量电路。

11）二极管及蜂鸣器电路。

图 2-21 VC9807A 型数字式万用表

（2）基本原理

数字万用表是在直流数字电压表的基础上扩展而成的。直流数字电压表的简单原理如图 2-22 所示。

直流数字电压表主要由模-数（A-D）转换器、计数器、译码显示器和控制器组成。在

此基础上，利用交流-直流（AC-DC）转换器、电流-电压（I-V）转换器、电阻-电压（Ω-V）转换器即可把被测电量转换成直流电压信号。这样就构成了一块数字万用表，如图 2-23 所示。

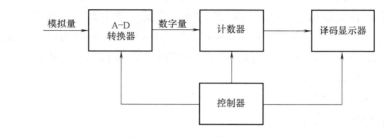

图 2-22　直流数字电压表的原理图

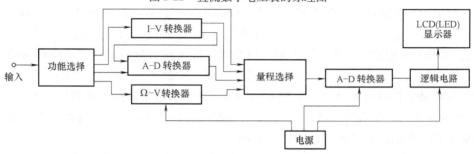

图 2-23　数字万用表的构成原理图

数字万用表的显示位数一般为 4～8 位。若最高位不能显示 0～9 的所有数字，即称做"半位"，写成"1/2"位。例如袖珍式万用表共有 4 个显示单元，习惯上叫"$3\frac{1}{2}$位"（读作"三位半"）数字万用表。同样道理，具有 8 个显示单元的数字万用表，称为 $7\frac{1}{2}$ 位数字万用表。也有少数数字万用表，没有半位，全是整数。

2. VC9807A 型数字万用表的使用及注意事项

（1）VC9807A 型数字万用表面板各部分的作用

VC9807A 型数字万用表面板各部分的作用如下：

1）液晶显示器：显示仪表测量的数值。

2）电源开关：测量完毕应立即关闭电源。若长期不用，则应取出电池，以免漏电。

3）保持开关：按下此功能，仪表当前所测数据将保持在液晶显示器上，并出现"Ⓗ"符号，再次按下，"Ⓗ"符号消失，退出保持功能状态。

4）h_{FE} 测试插座：用于测试晶体管的 h_{FE} 数值大小。

5）旋钮开关：用于改变测量功能及量程。

6）电容插座。

7）电压、电阻、电导及频率测试插座。

8）公共地。

9）20A 电流测试插座。

10）小于 200mA 电流、电导测试插座。

黑表笔始终插在 COM 孔内；红表笔则根据具体测量对象插入不同的孔内。在使用各电阻档、二极管档、通断档时，红表笔接"V. W"插孔（带正电），黑表笔接"COM"插孔。这与模拟式万用表在各电阻档时的表笔带电极性恰好相反，使用时应特别注意。

面板下方还有"10MAX"或"MAX200mA"和"MAX750V～1000V"的标记，前者表示在对应的插孔间所测量的电流值不能超过 10A 或 200mA；后者表示测交流电压不能超过750V，测直流电压不能超过 1000V。

（2）数字式万用表的使用

数字式万用表的使用如下：

1）测直流电压。将电源开关拨至"ON"（下同），量程开关拨至"DC V"范围内的合适量程，如果预先无法估计被测电压的大小，则应先拨至最高量程档测量一次，再视情况逐渐把量程减小到合适位置（下同）。将黑表笔插在 COM 孔内，红表笔插入"V/Ω/Hz"孔内，再把 VC9807A 型数字万用表与被测电路并联，即可进行测量。注意，量程不同，测量精度也不同。例如，测量一节 1.5V 的干电池，分别用"2V"、"20V"、"200V"、"1000V"档测量，其测量值分别为 1.552V、1.55V、1.6V、2V。所以不能用高量程档去测小电压。

2）测交流电压。量程开关拨至"AC V"范围内的合适位置，表笔接法同上。要求被测电压频率为 45～500Hz（实测约为 20Hz～1kHz 范围）。

3）测直流电流。量程开关拨至"DC A"范围内的合适档。红表笔接"mA"孔（小于200mA）或"20A"孔（大于200mA）。黑表笔接"COM"孔。

4）测交流电流。量程开关拨至"AC A"范围内的合适档，表笔接法同测直流电流。

5）测量电阻。量程开关拨至"W"范围内的合适档。红表笔改接"V/Ω/Hz"孔。200W 档的最大开路电压约为 1.5V，其余电阻档约 0.75V。电阻档的最大允许输入电压为250V（DC 或 AC），这个 250V 指的是操作人员误用电阻档测量电压时仪表的安全值，决不表示可以带电测量电阻。

6）测量二极管。量程开关拨至标有二极管符号的位置。红表笔插入"V. W"孔，接二极管正极；黑表笔插入"COM"孔，接二极管负极。此时为正向测量，若二极管正常，则测锗管应显示 0.150～0.300V，测硅管应显示 0.550～0.700V。进行反向测试时，二极管的接法与上相反，若二极管正常，将显示"1"；若二极管已损坏，将显示"000"。

7）测晶体管的 h_{FE} 值。根据被测管的类型（PNP 或 NPN）的不同，把量程开关转至"PNP"或"NPN"处，再把被测管的三个引脚插入相应的 e、b、c 孔内，此时，显示屏将显示出 h_{FE} 值的大小。

8）检查线路的通、断。量程开关拨至蜂鸣器档，红、黑表笔分别接"V. W"和"COM"。若被测线路电阻低于规定值（20±10W），蜂鸣器则发出声音，说明电路是通的。反之，则不通。由于操作者不需读出电阻值，仅凭听觉即可作出判断，所以利用蜂鸣器来检查线路，既迅速又方便。

（3）测量技巧

使用数字式万用表测量时，具体如下技巧：

1）测电容。用电阻档，根据电容容量选择适当的量程，并注意测量电解电容时，黑表笔要接电容正极。具有如下三种情况：

①估测微法级电容容量的大小：可凭经验或参照相同容量的标准电容，根据指针摆动的最大幅度来判定。所参照的电容不必耐压值一样，只要容量相同即可，例如估测一个100μF/250V 的电容可用一个 100μF/25V 的电容来参照，只要它们指针摆动最大幅度一样，即可断定二者容量一样。

②估测皮法级电容容量大小：要用"R×10kΩ"档，但只能测到 1000pF 以上的电容。对 1000pF 或稍大一点的电容，只要表针稍有摆动，即可认为容量够了。

③测电容是否漏电：对 100μF 以上的电容，可先用"R×10Ω"档将其快速充电，并初步估测电容容量，然后改到"R×1kΩ"档继续测一会儿，这时指针不应回返，而应停在或十分接近∞处，否则就是有漏电现象。对一些几十微法以下的定时或振荡电容，对其漏电特性要求非常高，只要稍有漏电就不能用，这时可在"R×1kΩ"档充完电后再改用"R×10kΩ"档继续测量，同样表针应停在∞处而不应回返。

2）在路测二极管、晶体管、稳压管好坏。因为在实际电路中，晶体管的偏置电阻或二极管、稳压管的周边电阻一般都比较大，大都在几百几千欧姆以上，这样，我们就可以用万用表的"R×10Ω"或"R×1Ω"档来在路测量 PN 结的好坏。需要注意，万用表测二极管正向电阻时，实际读数反映的是二极管正向电压降，并非真正的二极管正向电阻。在路测量时，用"R×10Ω"档测 PN 结应有较明显的正反向特性（如果正反向电阻相差不太明显，可改用"R×1Ω"档来测），一般正向电阻在"R×10Ω"档测时表针应指示在 200Ω 左右，在"R×1Ω"档测时表针应指示在 30Ω 左右。如果测量结果正向阻值太大或反向阻值太小，都说明这个 PN 结有问题，这个管子也就有问题了。

3）测电阻。测电阻时，重要的是要选好量程，当指针指示于 1/3～2/3 满量程时测量精度最高，读数最准确。要注意的是，在用"R×10kΩ"档测兆欧级的大阻值电阻时，不可将手指捏在电阻两端，这样人体电阻会使测量结果偏小。

4）测稳压二极管。我们通常所用到的稳压管的稳压值一般都大于 1.5V，而指针表的"R×1kΩ"以下的电阻档是用表内的 1.5V 电池供电的，这样，用"R×1kΩ"以下的电阻档测量稳压管就如同测二极管一样，具有完全的单向导电性。但指针表的"R×10kΩ"档是用 9V 或 15V 电池供电的，在用"R×10kΩ"档测稳压值小于 9V 或 15V 的稳压管时，反向阻值就不会是∞，而是有一定阻值，但这个阻值还是要大大高于稳压管的正向阻值的。

5）测晶体管。通常我们要用"R×1kΩ"档，不管是 NPN 管还是 PNP 管，不管是小功率、中功率、大功率管，测其 be 结或 cb 结都应呈现与二极管完全相同的单向导电性，反向电阻无穷大，其正向电阻大约在 10kΩ 左右。为进一步估测晶体管特性的好坏，必要时还应变换电阻档位进行多次测量，方法如下：

①置"R×10Ω"档测 PN 结正向导通电阻都在大约 200Ω 左右；置"R×1Ω"档测 PN 结正向导通电阻都在大约 30Ω 左右，如果读数偏大太多，可以断定晶体管的特性不好。还可将表置于"R×10kΩ"档再测，耐压再低的晶体管，其 cb 结反向电阻也应在∞，但其 be 结可能会有些反向电阻，表针会稍有偏转（一般不会超过满量程的 1/3，根据晶体管的耐压不同而不同）。同样，在用"R×10kΩ"档测 ec 间（对 NPN 管）或 ce 间（对 PNP 管）的电阻时，表针可能略有偏转，但这不表示晶体管损坏。但在用"R×1kΩ"以下档测 ce 或 ec 间电阻时，表头指示应为无穷大，否则晶体管就是有问题。应该说明一点的是，以上测量是针对硅管而言的，对锗管不适用。不过现在锗管也很少见了。另外，所说的"反向"

是针对 PN 结而言，对 NPN 管和 PNP 管方向实际上是不同的。

②现在常见的晶体管大部分是塑封的，如何准确判断晶体管的三只引脚哪个是 b、c、e？晶体管的 b 极很容易测出来，但怎么断定哪个是 c 哪个是 e？这里推荐三种方法：

●对于有测晶体管 h_{FE} 插孔的指针表，先测出 b 极后，将晶体管随意插到插孔中去（当然 b 极是可以插准确的），测一下 h_{FE} 值，然后再将晶体管倒过来再测一遍，测得 h_{FE} 值比较大的一次，各引脚插入的位置是正确的。

●对无 h_{FE} 测量插孔的表，或晶体管太大不方便插入插孔的，可以用这种方法：对 NPN 管，先测出 b 极（晶体管是 NPN 还是 PNP 其 b 脚都很容易测出），将表置于 "$R \times 1k\Omega$" 档，将红表笔接假设的 e 极（注意拿红表笔的手不要碰到表笔尖或引脚），黑表笔接假设的 c 极，同时用手指捏住表笔尖及这个引脚，将晶体管拿起来，用 $100k\Omega$ 或 $200k\Omega$ 电阻连接一下 b 极，看表头指针应有一定的偏转，如果各表笔接得正确，指针偏转会大些，如果接得不对，指针偏转会小些，差别是很明显的。由此就可判定晶体管的 c、e 极。对 PNP 管，要将黑表笔接假设的 e 极（手不要碰到笔尖或引脚），红表笔接假设的 c 极，同时用手指捏住表笔尖及这个引脚，然后用 $100k\Omega$ 或 $200k\Omega$ 电阻连接一下 b 极，如果各表笔接得正确，表头指针会偏转得比较大。当然测量时表笔要交换一下测两次，比较读数后才能最后判定。这个方法适用于所有型号的晶体管，方便实用。根据表针的偏转幅度，还可以估计出晶体管的放大能力，当然这是凭经验的。

●先判定晶体管的类型及其 b 极后，将表置于 "$R \times 10k\Omega$" 档，对于 NPN 管，黑表笔接 e 极，红表笔接 c 极时，表针可能会有一定偏转；对于 PNP 管，黑表笔接 c 极，红表笔接 e 极时，表针可能会有一定的偏转，反过来都不会有偏转。由此也可以判定晶体管的 c、e 极。不过对于高耐压的晶体管，这个方法就不适用了。

（4）数字式万用表使用的注意事项

在使用数字式万用表时，应注意如下事项：

1）测量电压时，应将数字万用表与被测电路并联。数字万用表具有自动转换极性的功能，测直流电压时不必考虑正、负极性。但若误用交流电压档去测量直流电压，或误用直流电压档去测量交流电压，将显示 "000"，或在低位上出现跳数。

2）测量晶体管 h_{FE} 值时，由于工作电压仅为 2.8V，且未考虑 V_{be} 的影响，因此，测量值偏高，只能是一个近似值。

3）测交流电压时，应当用黑表笔（接模拟地 COM）去接触被测电压的低电位端（例如信号发生器的公共地端或机壳），以消除仪表对地分布电容的影响，减少测量误差。

4）数字万用表的输入阻抗很高，当两支表笔开路时，外界干扰信号会从输入端窜入，显示出没有变化规律的数字。

5）测量电流时，应把数字万用表串联到被测电路中。如果电源内阻和负载电阻都很小，应尽量选择较大的电流量程，以降低分流电阻值，减小分流电阻上的压降，提高测量准确度。

6）严禁在测高电压（220V 以上）或大电流（0.5A 以上）时拨动量程开关，以防止产生电弧、烧毁开关触点等情况。

7）面板下方还有 "10MAX" 或 "MAX200mA" 和 "MAX750V ~ 1000 V " 的标记，前者表示在对应的插孔间所测量的电流值不能超过 10A 或 200mA；后者表示所测交流电压不能超过750V，测直流电压不能超过1000V。

8）测量焊在线路上的元件时，应当考虑与之并联的其他电阻的影响。必要时可焊下被测元件的一端再进行测量，对于晶体管则须焊开两个极才能做全面检测。

9）严禁在被测线路带电的情况下测量电阻，也不允许测量电池的内阻。在检查电器设备上的电解电容器时，应切断设备上的电源，并将电解电容上的正、负极短接一下，防止电容上积存的电荷经万用表释放，损坏仪表。

10）仪表的使用和存放应避免高温（大于400℃）、寒冷（小于0℃）、阳光直射、高湿度及强烈振动环境；测量完毕，应将量程开关拨到最高电压档，并关闭电源。若长期不用，还应取出电池，以免电池漏液。

2.3.5 示波器

一、仪器介绍

示波器是一种能直接观察各种周期性变化的电压和电流波形的电子图示测量仪器，可用来测量电压或电流的幅度、频率、相位及脉冲信号的幅值、上升时间等各种电参数，是电路测量中必不可少的电子仪器。其面板结构如图2-24所示。

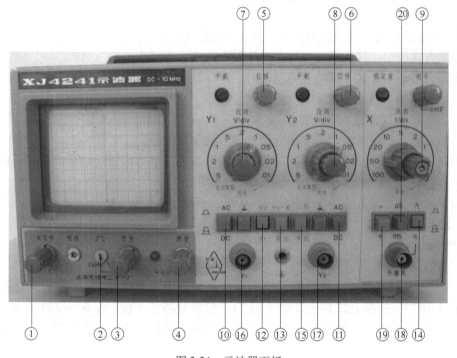

图2-24　示波器面板

面板说明如下：

①X位移旋钮，其功能为调节光迹线在屏幕上的水平位置。

②校准信号，其功能为提供精确的方波信号，用于校准10∶1探极的补偿电容和检测示波器垂直放大系统。

③聚焦旋钮，其功能为调节光迹线的清晰度。

④辉度旋钮，其功能为调节光迹线的亮度。

⑤Y_1 垂直位移钮，其功能为调节 Y_1 光迹线在屏幕上的垂直位置。

⑥Y_2 垂直位移钮，其功能为调节 Y_2 光迹线在屏幕上的垂直位置。

⑦Y_1 衰减器旋钮，其功能为连续调解通道 1 的垂直偏转灵敏度。

⑧Y_2 衰减器旋钮，其功能为连续调解通道 2 的垂直偏转灵敏度。

⑨水平调节旋钮，其功能为用于连续调节扫描速度。

⑩通道 1 耦合开关，其功能为用于选择通道 1 被测信号接入通道的耦合方式。

● AC：信号输入和垂直通道间用电容连接以阻隔直流信号。

● DC：信号输入和垂直通道间直接连接，所有信号都能直接通过。

● GND：为分离的地线提供接地端子。

⑪通道 1 耦合开关，其功能为用于选择通道 1 被测信号接入通道的耦合方式。

● AC：信号输入和垂直通道间用电容连接以阻隔直流信号。

● DC：信号输入和垂直通道间直接连接，所有信号都能直接通过。

● GND：为分离的地线提供接地端子。

⑫垂直方式开关，其功能为选择垂直通道显示方式，弹出时为通道 1 显示，否则为通道 2 显示。

⑬X—Y 方式开关，其功能为按下时为 X—Y 方式。

⑭触发方式按钮，其功能为弹出时为外触发方式，否则为内触发方式。

⑮垂直通道显示方式，其功能为弹出时为单踪显示，否则为双踪显示。

⑯Y_1，其功能为通道 1 输入端。

⑰Y_2，其功能为通道 2 输入端。

⑱外触发输入端，其功能为提供外触发信号到触发电路。

⑲两通道输入信号显示方式，其功能为弹出时波形显示为两通道信号之和；否则为两通道信号之差。

⑳时间级的选择，其功能为弹出时为 ms 级，否则为 μS 级。

二、使用方法

1. 基本操作要点

示波器的基本操作要点如下：

1）显示水平扫描基线：将示波器输入耦合开关置于接地（GND），垂直工作方式开关置于交替（ALT），扫描方式置于自动（AUT），扫描时基开关置于 0.5ms/*DIV*，此时在屏幕上应两条水平扫描基线。如果没有，可能是辉度太暗，或是垂直、水平位移不当，应加以适当调节。

2）用本机校准信号检查：将通道 1 输入端由探头接至校准信号输出端，调节面板上开关、旋钮，此时在屏幕上应出现一个周期性的方波。如果波形不稳定，可调节触发电平（LEVEL）旋钮。

3）插入被测信号：将被测信号接至通道 1 输入端（若同时观察两个被测信号，则分别接至通道 1、通道 2、输入端 0，适当调节 VOLTS/DIV，LEVEL 等旋钮，使在屏幕上显示稳定的被测信号波形。

2. 测量

（1）电压测量

在测量时应把垂直微调旋钮顺时针旋至校准位置，这样可以按 VOLTS/DIV 的指示值计算被测信号电压大小。由于被测信号一般含有直流和交流两种分量，因此在测试时应根据下述方法操作：

1）交流电压的测量：当只测量被测信号的交流分量时，应将 Y 轴输入耦合开关置 AC 位置，调节 VOLTS/DIV 开关，使屏幕上显示的波形幅度适中，调节 Y 轴位移旋钮，使波形显示值便于读取。根据 VOLTS/DIV 的指示值和波形在垂直方向的高度 H（DIV），被测交流电压的峰-峰值可由下式计算出：

$$U_{\text{P-P}} = \frac{V}{\text{DIV}} \times H \text{（如果使用的探头置于 10:1 位置，则应将该值乘以 10）}$$

2）直流电压的测量：当需要测量被测信号的直流分量和含直流分量的电压时，应先将 Y 轴输入耦合开关方式置于 GND 位置，扫描方式置于自动（AUTO）位置，调节 Y 轴位移旋钮使扫描基线在某一合适的位置上，此时扫描线即为零电平基准线，再将 Y 轴输入耦合开关转到 DC 位置。

可根据波形偏离零电平基准线的垂直距离 H（DIV）及 VOLTS/DIV 的指示值，算出直流电压的数值：

$$U = \frac{V}{\text{DIV}} \times H$$

（2）时间测量

对信号的周期或信号任意两点间的参数进行测量时，首先水平微调旋钮必须顺时针旋至校准位置。然后调节有关旋钮，显示出稳定的波形，再根据信号的周期或需测量的两点间的水平距离 D（DIV），以及 SEC/DIV 开关的指示值，由下式计算出时间：

$$T = \frac{SEC}{DIV} \times D$$

当需要观察信号的某一细节（如快跳变信号的上升或下降时间）时，可将水平微调旋钮拉出，使显示的距离在水平方向得到 5 倍的扩展，此时测量的时间按下式计算：

$$T = \frac{SEC}{DIV} \times D \bigg/ 5$$

1）周期的测量：如波形完成一个周期，AB 两点间的水平距离 D 为 8（DIV），SEC/DIV 设置在 2ms/DIV，则周期为

$$T = \frac{2\text{ms}}{\text{DIV}} \times 8\text{DIV} = 16\text{ms}$$

2）脉冲上升时间的测量：如波形上升沿的 10% 处（A 点）至 90% 处（B 点）的水平距离 D 为 1.8DIV，SEC/DIV 置于 1μs/DIV，水平微调 ×5 旋钮被拉出，那么可计算出上升时间为

$$T = \frac{\dfrac{1\mu s}{\text{DIV}} \times 1.8\text{DIV}}{5} = 0.36\mu s$$

若测得结果 t_r 与示波器上升时间 t_s 相接近，则信号的实际上升时间应按下式求得：

$$t_r' = \sqrt{t_r^2 - t_s^2}$$

3）脉冲宽度的测量：如波形上升沿 50% 处至下降沿 50% 处之间的水平距离 D 为 5 格，SEC/DIV 开关置于 0.1ms/DIV。则脉冲宽度为

$$t_P = \frac{0.1\,\mathrm{ms}}{\mathrm{DIV}} \times 5\mathrm{DIV} = 0.5\,\mathrm{ms}$$

4）两个相关信号时间差的测量：将触发源选择开关置于作为测量基准的通道，根据两个相关信号的频率，选择合适的扫描速度（扫描时基因数的倒数），且根据扫描速度的快慢，将垂直工作方式开关置于 ALT（交替）或 CHOP（断续）位置，双踪示波器显示出信号波形。如 SEC/DIV 置于 50μs/DIV，两侧量水平距离 $D = 3\mathrm{DIV}$，则时间差为

$$t = \frac{50\,\mu\mathrm{s}}{\mathrm{DIV}} \times 3\mathrm{DIV} = 150\,\mu\mathrm{s}$$

（3）频率测量

对于周期性信号的频率测量，可先测出该信号的周期 T，再计算出频率的数值。公式如下：

$$f = \frac{1}{T}$$

式中，f 为频率（Hz）；T 为周期（s）。

（4）测量两个同频率信号的相位差

将触发源选择开关置于作为测量基准的通道，采用双踪示波器显示，在屏幕上显示两个信号的波形。由于一个周期是 360°，因此根据信号一个周期在水平方向上的长度 L（DIV），以及两个信号波形上对应点（A，B）间的水平距离 D（DIV），由下式计算出两信号间的相位差：

$$\varphi = \frac{360°}{L} \times D$$

通常为读数方便起见，可调节水平微调旋钮，使信号的一个周期占 9 格（DIV），那么每格表示的相角为 40°，相位差为

$$\varphi = \frac{40°}{\mathrm{DIV}} \times D$$

三、注意事项

1. 使用前，应检查电网电压与仪器要求的电源电压一致。

2. 显示波形时，亮度不宜过亮，以延长示波器的寿命。若中途暂时不观察波形，应将亮度调低。

3. 定量观察波形时，应尽量在屏幕的中心区域进行，以减小测量误差。

4. 被测信号电压的数值不应超过示波器允许的最大输出电压。

5. 调节各种开关、旋钮时，不要过分用力，以免损坏。

6. 探头和示波器应配套使用，不能互换，否则可能导致误差或波形失真。

2.4 测量数据处理

一、准确度与精密度

准确度是指测量结果与被测量真值的接近程度，反映了系统误差的影响程度。精密度是指在重复测量同一系统中所得结果相一致的程度。它反映随机误差的影响程度。

二、有效数字

如用100mA量程的电流表测量某支路中的电流，读数为78.4mA，则"78"是准确、可靠的"可靠数字"，而数字"4"是估读的"欠准数字"，两者合起来称为"有效数字"。它是三位有效数字，如果对其运算，其结果也应保留三位有效数字。又如184mA与0.184A都是三位有效数字，只不过单位不同。

有效数字是按测试要求确定的，只应有一位（最后一位）欠准数字。但小数点后的"0"不能随意省略。例如：电阻值15.00Ω与15Ω，前者小数点后第二位"0"是欠准数字，而后者"5"即欠准数字（可能14～16Ω）。

三、有效数字处理与运算

1. 对有效数字的取舍原则为四舍五入化整规则。如取三位有效数字：

- 16.24→16.2（小于5舍）。
- 16.25→16.2（等于5取偶）。
- 16.15→16.2（等于5取偶）。
- 16.26→16.2（大于5入）。

2. 对有效数字的加减运算的原则为以小数点后面位数最少的那个数为标准，将其他数进行处理，小数点后面的位数仅比标准数多保留一位，最后结果要处理为标准位数。如：

$$\underset{(标准)}{111.2} + 0.888 + 2.35 = ? \xrightarrow{处理为} \underset{(标准)}{111.2} + \underset{(多保留一位)}{0.89} + 2.35 = (114.44) = 114.4(化为标准位数)$$

3. 有小数字的乘除运算的原则为以其有效数字最少的那个数为标准，对其他数进行处理，处理到比该数多一位有效数字时，再进行运算。

四、测量数据的读取

1. 测量仪表要先预热和调零（有些不必）。
2. 选择适当的仪表及合适的量程。
3. 正确读取数据。
4. 当仪表指针在两刻度线之间时，应估读一位欠准数字。

五、曲线绘制与修补

有些测量的目的是在有限次测量所得到的数据基础上拟合得到某些量之间的关系曲线。简单地将这些数据点（有误差）连成一条折线是不行的，必须对其进行处理，即将曲线修补均匀。要求如下：

1）数据点必须足够。
2）纵、横坐标分度比例适当。
3）当变量范围很宽时，可考虑采用对数坐标。
4）取数据组几何中心连接成光滑而无斜率突变的曲线。

2.5 测量数据误差分析

一、误差的表示方法

误差的表示方法有绝对误差和相对误差。

1. 绝对误差

被测量的测量结果 A' 与其真值 A 之差称为绝对误差。绝对误差以 ΔA 表示，即：

$$\Delta A = A' - A$$

绝对误差 ΔA 的大小、单位反映的是测量结果与真值的偏差程度，但不能反映测量的准确程度。

2. 相对误差

绝对误差 ΔA 与真值 A 之比的百分数称为相对误差。用符号 a 表示，即：

$$a = \frac{\Delta A}{A} \times 100\%$$

相对误差反映了测量的准确度。

二、误差的分类

误差按其性质可分为以下三类：

1. 系统误差

在相同条件下，多次测量同一量时，误差的绝对值保持恒定或遵循一定规律变化的误差称为系统误差。产生系统误差的主要原因有：仪器误差、使用误差、外界影响误差及方法理论误差。消除系统误差主要从消除误差源着手，其次可采用修正值。

2. 随机误差

在相同条件下进行多次测量，每次测量结果出现无规则的随机性变化的误差称为随机误差。随机误差主要由外界干扰等原因引起，可以采用多次测量取算术平均值的方法来消除随机误差。

3. 粗大误差

在一定条件下，测量结果明显偏高于真值所对应的误差称为粗大误差。产生粗大误差的原因有：读错数、测量方法错误、测量仪器有缺陷等。其中人为误差是主要的误差，这可由测量者本身来解决。

三、误差来源

误差来源可分为以下六类：

1. 仪表误差

由于仪表仪器本身及附件的电气和机械性能不完善而引入的误差。如仪表仪器零件位置安装不正确，刻度不完善等。这是仪表固有误差。

2. 参数误差

由于所使用的元器件精度问题，其标定参数值与实际参数值不符或由于器件老化导致参数变化，由此产生的误差称为参数误差。减小此类误差的方法是精选器件和对器件进行老化处理。

3. 使用误差

由于仪器的安装、布置、调节和使用不当等所造成的误差。如：把要求水平放置的仪器垂直放置、接线太长、未按阻抗匹配连接、接地不当等都会产生使用误差。减小这种误差的方法是严格按照技术规程操作，提高实验技巧和对各种现象的分析能力。

4. 影响误差

由于受外界温度、湿度、电磁场、机械振动、光照、放射性等影响而造成的误差。

5. 人为误差

由于测量者的分辨能力、工作习惯等原因引起的误差。对于某些借助人耳、人眼来判断结果的测量以及需要进行人工调谐等的测量工作，均会产生人为误差。

6. 方法和理论误差

由于测量方法或仪器仪表选择不当所造成的误差称为方法误差。测量时，依据的理论不严格或用近似公式、近似值计算等造成的误差称为理论误差。

第 3 章　电路基础实验

3.1　电路元件伏安特性的测绘

一、实验目的
1. 学习元件伏安特性曲线的测试方法。
2. 了解几种线性和非线性元件的伏安特性曲线。

二、实验原理
　　任一二端元件的特性可用该元件上的端电压 U 与通过该元件的电流 I 之间的函数关系 $U = f(I)$ 来表示电阻，即用 U-I 平面上的一条曲线来表征，这条曲线称为该电阻元件的伏安特性曲线。常用元件的电压电流关系曲线如下：

　　1）线性电阻器的伏安特性曲线是一条通过坐标原点的直线，如图 3-1 中曲线 a 所示，该特性曲线各点斜率与施加在元件上的电压、电流的大小和方向无关，其斜率等于该电阻器的电阻值（以电流为横坐标）。

　　2）白炽灯在工作时灯丝处于高温状态，其灯丝电阻随着温度的升高而增大，通过白炽灯的电流越大，其温度越高，阻值也越大，一般灯泡的"冷电阻"与"热电阻"的阻值可相差几倍至十几倍，所以它的伏安特性如图 3-1 中曲线 b 所示。

　　3）半导体二极管是非线性电阻元件，正向压降很小（一般的锗管约为 0.2 ~ 0.3V，硅管约为 0.5 ~ 0.7V），正向电流随正向电压增加而急骤上升；其反向电流随电压增加变得很小，可视为零。可见，二极管具有单向导电性，其特性如图 3-1 中曲线 c 所示。

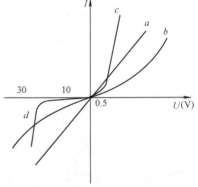

　　4）稳压二极管是一种特殊半导体二极管，其正向特性与普通二极管类似，在反向电压开始增加时，其反向电流几乎为零，但当电压增加到某一数值时电流突然增加，且端电压保持恒定，不随外加的反向电压升高而增大。如图 3-1 中曲线 d 所示。

图 3-1　二端电阻元件伏安特性曲线

三、实验仪器与设备
1. 万用表。
2. 直流数字毫安表。
3. 直流稳压电源 1 台。
4. 直流数字电压表。

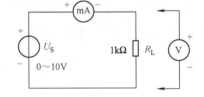

图 3-2　测量电阻伏安特性电路

四、实验内容与步骤
1. 测定线性电阻的伏安特性

按如图 3-2 所示电路接好线路，经检查无误后，接入直流稳压电源，调节输出电压依次为表 3-1 中所列数值，并将测量所得对应的电流值记录于表 3-1 中。

表 3-1　线性电阻元件实验数据

U/V	0	2	4	6	8	10
I/mA						

2. 测量非线性白炽灯泡的伏安特性

将图 3-2 中的电阻换成一只 6.3V 的灯泡，重复 1 的步骤。数据填入表 3-2 中。

表 3-2　非线性白炽灯实验数据

U/V	0	2	4	6	7
I/mA					

3. 测量半导体二极管的伏安特性

电路如图 3-3 所示，R 为限流电阻器，阻值为 200Ω，测二极管的正向特性时，其正向电流不得超过 25mA，二极管的正向压降 VD 可在 0~0.7V 之间取值。反向特性实验时，只需将图 3-3 中的二极管 VD 反接，且其反向电压可加到 30V。实验结果分别填入表 3-3 及表 3-4 中。

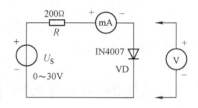

图 3-3　测量二极管伏安特性电路

表 3-3　正向特性实验数据

U_D/V	0	0.2	0.4	0.45	0.5	0.55	0.60	0.65	0.70	0.75
I/mA										

表 3-4　反向特性实验数据

U_D/V	0	-5	-10	-15	-20	-25	-30
I/mA							

4. 测量稳压二极管的伏安特性

将图 3-3 中的二极管 1N4007 换成稳压二极管 2CW51，重复实验内容 3 的测量，其正、反向电流不得超过 ± 20mA。实验结果分别填入表 3-5 及表 3-6。

表 3-5　稳压管正向特性实验数据

U/V	0	0.2	0.4	0.45	0.5	0.55	0.60	0.65	0.70	0.75
I/mA										

表 3-6　稳压管反向特性实验数据

U/V	0	-1.5	-2	-2.5	-2.8	-3	-5	-7	-10
I/mA									

五、实验注意事项

1. 稳压电源输出端切勿短路。

2. 二极管的正、反向电压差别很大，所以测试电路中稳压电源的输出电压 U_S 应从 0 值开始缓慢增加，切不要增加过快，否则会引起电流骤增而损坏二极管。

3. 进行不同实验时，应先估算电压和电流值，合理选择仪表的量限。测量中，随时注意仪表读数，勿使仪表超量限，仪表的极性亦不可接错。

六、预习思考题

1. 线性电阻与非线性电阻的概念是什么？其伏安特性有何区别？

2. 如何计算线性电阻与非线性电阻的电阻值？

3. 稳压二极管与普通二极管有何区别，其用途如何？

4. 设某器件伏安特性曲线的函数式为 $I = f(U)$，试问在逐点绘制曲线时，其坐标变量应如何放置？

七、实验报告要求

1. 根据实验数据，分别在方格纸上绘制出光滑的伏安特性曲线。

2. 根据实验结果，总结、归纳被测各元件的特性。

3. 实验报告中要有结果分析，分析时要做到有理有据，不能凭想当然下结论，并且要学会抓住重点进行分析。

3.2 电压源与电流源的等效变换

一、实验目的

1. 学习电压源、电流源伏安特性的测量方法。

2. 掌握电压源和电流源等效变换的条件。

二、实验原理

在电路理论中有理想电压源和理想电流源两种理想元件。如果是直流理想电源，则称为恒压源或恒流源。直流稳压电源在一定的输出电流范围内，可认为是恒压源；而实验台上的恒流源在一定电压范围内，可视为恒流源。

一个实际电源就其外特性而言，可以看成一个实际电压源或一个实际电流源。即可以用一个理想电压源 U_S 和电阻 R_S 的串联来表示；也可以用一个理想电流源 I_S 和电导 G_S 的并联来表示。如果它们的外特性相同，即端电压与端电流的关系 $U = f(I)$ 相同，则视为等效。

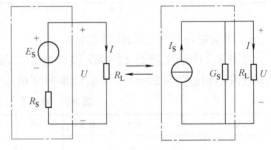

图 3-4 电压源-电流源等效电路

对于图 3-4 所示电路，电路的等效条件是：

$$I_S = \frac{E_S}{R_S} , \quad G_S = \frac{1}{R_S}$$

或

$$E_S = R_S I_S , \quad R_S = \frac{1}{G_S}$$

三、实验仪器与设备

实验所用仪器与设备见表 3-7。

表 3-7　实验仪器与设备

序号	名　称	型号与规格	数量	备注
1	可调直流稳压电源		1	DG04
2	可调直流恒流源		1	DG04
3	直流数字电压表		1	D31
4	直流数字毫安表		1	D31
5	万用表		1	
6	电阻器	51Ω, 22Ω		DG09
7	可调电阻器	$2W$, $0\sim247\Omega$	1	DG09
8	可调电阻箱	$0\sim99999.99\Omega$	1	DG09

四、实验内容与步骤

1. 测定直流稳压电源与实际电压源的外特性

1）按如图 3-5 所示接线，$E_S = 6V$ 为直流稳压电源，调节 R_2，令其阻值由大到小变化，记录两表的读数并记录于表 3-8 中。

表 3-8　直流稳压电源的测量数据

U/V						
I/mA						

2）按如图 3-6 所示接线，虚线框可表示一个实际电压源，调节电阻 R_2，令其由大到小变化，读取两表的读数，填入表 3-9 中。

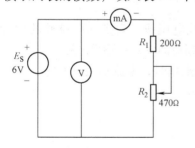

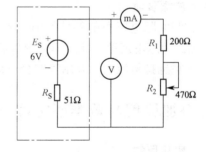

图 3-5　直流稳压电源外特性测定电路　　　图 3-6　实际电压源外特性测定电路

表　3-9

U/V						
I/mA						

2. 测定实际电流源的外特性

按如图 3-7 所示接线，I_S 为直流恒流源，调节其输出为 5mA，令 R_S 分别为 $1k\Omega$ 和 ∞（R_S 为可调电阻箱），调节电位器 R_L（$0\sim470\Omega$），测出这两种情况下的电压与电流读数，并记录。数据表格同表 3-9。

3. 测定电源等效变换的条件

按如图 3-8 所示接线，首先读取图 3-8a 电路中两表的读数，然后调节图 3-8b 中恒流源 I_S（取 $R_S = R_S'$），令两表的读数与图 3-8a 电路中两表的读数数值相同，记录 I_S 的值，验证等效变换条件的正确性。

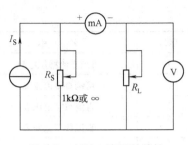

图 3-7 实际电流源外特性
测定电路

五、实验报告和预习要求

1. 根据实验数据绘出电源的 4 条外特性曲线，并加以总结、归纳。

2. 用实验数据验证电源等效变换的条件。

3. 直流稳压电源允许短路吗？直流恒流源允许开路吗？

4. 恒压源与实际电压源，恒流源与实际电流源的外特性有何差别？

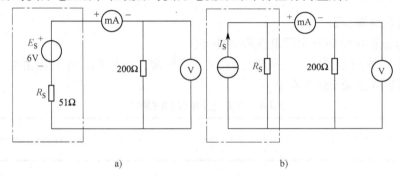

图 3-8 电源等效变换条件测定电路

六、注意事项

1. 在测实际电压源的外特性时，不要忘记测空载电压值，测实际电流源的外特性时，不要忘记测短路电流值，注意恒流源负载电压不允许超过 20V，更不可开路。

2. 注意选择电流表、万用表的合适量程。使用电阻箱时，电流不应过大防止过载。

3.3　叠加原理与戴维南定理

一、实验目的

1. 用实验的方法验证叠加定理、齐性定理和戴维南定律，以提高对定理的理解和应用能力。

2. 通过实验提升对电流、电压参考方向的掌握和运用能力。

3. 熟悉直流电工仪表的使用方法。

二、实验原理

1. 叠加定理：对于一个具有唯一解的线性电路，由几个独立电源共同作用所形成的各支路电流或电压，等于各个独立电源单独作用时在相应支路中形成的电流或电压的代数和。不作用的电压源应短路，不作用的电流源应开路。

2. 齐性定理：线性电路的激励（独立电源的值）增加或减小 K 倍时，电路的响应（在电路其他元件上所产生的电流电压值）也将增加或减小 K 倍。

3. 戴维南定理：任何有源二端网络，对外电路而言，均可用一个等效电压源等效置换（替代）。此电压源的电动势等于有源二端网络的开路电压 U_0，其等效内阻 R_0 等于有源二端网络中所有电源置零（将各个理想电压源短路，各个理想电流源开路）后，所得到的无源网络的输入电阻。此电阻值也等于有源二端网络的开路电压 U_0 与短路电流 I_{SC} 的比值，即 $R_0 = U_0/I_{SC}$。

三、实验仪器与设备

实验仪器与设备见表3-10。

表3-10　实验仪器与设备

序号	名　称	规格与型号	数量	备注
1	可调直流稳压电源	1 ~ 300V 可调	2	DG04
2	可调直流恒流源	0 ~ 300mA 可调	1	DG04
3	旋转电阻箱	0 ~ 9999.9Ω 可调	1	DG09
4	叠加定理实验板		1	DG05
5	戴维南定理实验板		1	DG05
6	直流电压表		1	
7	直流毫安表		1	

四、实验内容与步骤

1. 验证叠加原理

操作步骤如下：

1）将电压源的输出电压 E_1 调至 12V，E_2 调至 12V，待用。

2）按如图3-9所示连接实验电路。

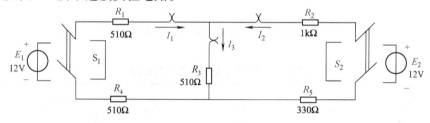

图 3-9　叠加原理验证电路

3）按以下三种情况进行实验：电压源 E_1 与 E_2 共同作用；电压源 E_1 单独作用，E_2 不作用；电压源 E_2 单独作用，E_1 不作用。分别测出各支路的电流填入表3-11中。最后计算出叠加结果，验证是否符合叠加原理。

表3-11　叠加原理验证数据

	作用电源		支路电流		
	E_1	E_2	I_1/mA	I_2/mA	I_3/mA
E_1 与 E_2 共同作用					
E_1 单独作用					
E_2 单独作用					
$2E_1$ 单独作用					

4）电压源 $2E_1$ 单独作用，分别测出各支路的电流填入表 3-11 中，验证支路电流的响应是否符合齐性定理。

实验中应注意的事项如下：

1）电压源不作用时，应通过开关将其短路。

2）当电流表反偏时，将电流表两接线换接，电流表读数前加负号。（数字式电流表不用换接，直读即可。）

3）电流插头有方向，约定红色接线柱为电流的流入端，接电流表正极；黑色接线柱为电流的流出端，接电流表的负极。

2. 验证戴维南定理

操作步骤如下：

1）将电压源的输出电压 E_s 调至 12V，I_s 调至 10mA，待用。

2）被测有源二端网络如图 3-10a 所示。按图所示连接实验电路。接入稳压电源 E_s、恒流源 I_s 和可变电阻（箱）R_L，并改变 R_L 阻值，测量有源二端网络的负载电流 I_L，并将测得的数据填入表 3-12 中。

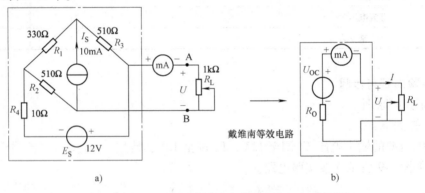

图 3-10　戴维南定理验证电路

表 3-12　戴维南定理验证电路数据

R_L/Ω	0	50	100	150	200
原网络负载电流 I_L/mA					
等效电路负载电流 I_L/mA					

3）用开路电压、短路电流法测定戴维南等效电路的 U_{OC} 和 R_0。按图 3-10a 线路接入稳压电源 E_s 和恒流源 I_s，在 A、B 两端开路（断开 R_L）情况下，用电压表测定 A、B 间开路电压 U_{OC}；在 A、B 两端短路情况下（即 $R_L = 0\Omega$ 时），测出其短路电流 I_{SC}（已测出），计算出等效电阻 $R_0 = U_{OC}/I_{SC}$。并将测得的数据填入表 3-13 中。

表 3-13　戴维南定理原网络实测数据

开路电压	$U_{OC} =$	短路电流	$I_{SC} =$
等效电阻	$R_0 = U_{OC}/I_{SC} =$		

4）对图 3-10a 所示实验电路进行理论计算，求出戴维南等效电路的 U_{OC} 和 R_0 值，填入表 3-14 中。并与表 3-13 原网络实测 U_{OC} 和 R_0 值进行比较。

表 3-14　戴维南定理原网络理论计算数据

开路电压	$U_{OC} =$	等效电阻	$R_0 =$

5）验证戴维南定理：按图 3-10b 所示连接等效电路。在电阻箱上调出步骤 3 所得的等效电阻 R_0 的值，然后令其与直流稳压电源（调到步骤 3 时所测得的开路电压 U_{OC} 之值）相串联，仿照步骤 2 测其负载电流 I_L，并将测得的数据填入表 3-12 中，对戴氏定理进行验证。

6）测定有源二端网络等效电阻（又称入端电阻）的其他方法：将被测有源网络内的所有独立源置零（将电流源 I_S 开路，电压源 E_S 短路。），然后用伏安法或者直接用万用表的欧姆档，去测定负载 R_L 开路后 A、B 两点间的电阻。此即为被测网络的等效内阻 R_0 或称网络的入端电阻 R_{in}。

实验时应注意的事项如下：

1）注意测量时，电流表量程的更换。

2）用万用表直接测 R_0 时，二端网络内的独立电源必须先置零，以免损坏万用表。注意电压源置零时不可将稳压电源短接。其次，欧姆档必须经调零后再进行测量。

3）按图 3-10b 连接等效电路时，接入的直流稳压电源必须使用直流电压表标定。

4）改电路接线时，要关掉电源。

五、预习思考题

1. 在求戴维南等效电路时，要做短路试验，测 I_{SC} 的条件是什么？在本实验中可否直接做负载短路实验？请实验前对线路图预先做好计算，以便调整实验线路及测量时可准确地选取电表的量程。

2. 说明测定有源二端网络开路电压及等效内阻的几种方法，并比较其优缺点。

六、实验报告要求

1. 实验报告要整齐、全面，包含全部实验内容。

2. 对实验中出现的一些问题进行讨论。

3. 根据验证戴维南定理步骤 3、6 方法测得的 U_{OC} 和 R_0 与预习时电路计算的结果作比较，能得出什么结论？

3.4　受控源 VCVS、VCCS、CCVS、CCCS 特性研究

一、实验目的

通过测试受控源的外特性及其转移参数，进一步理解受控源的物理概念，加深对受控源的认识和理解。

二、实验原理

1. 电源有独立电源（如电池、发电机等）与非独立电源（受控源）之分。受控源与独立电源的不同点是：独立电源的电动势 E_S 或电流 I_S 是某一固定的数值或是某一时间的函数，它不随电路其余部分的状态而变；而受控源的电动势或电流则是随电路中另一支路的电

压或电流而变。

受控源又与无源元件不同，无源元件两端的电压和它自身的电流有一定的函数关系，而受控源的输出电压或电流则和另一支路（或元件）的电压或电流有某种函数关系。

2. 独立电源与无源元件是二端元件，受控源则是四端元件，或称为二端口元件，它有一对输入端（U_1，I_1）和一对输出端（U_2，I_2）。输入端用以控制输出电压或电流的大小，施加于输入端的控制量可以是电压或电流，因而有两种受控电压源（即电压控制电压源 VCVS 和电流控制电压源 CCVS）和两种受控电流源（即电压控制电流源 VCCS 和电流控制电流源 CCCS）。

3. 当受控的电压或电流与控制支路的电压或电流成正比时，该受控电源是线性的。理想受控源的控制支路中只有一个独立变量（电压或电流），另一个独立变量等于 0。即从输入端口看，理想受控源或者是短路，或者是开路；从输出端看，理想受控源或者是一个独立电压源，或者是一个独立电流源，理想受控源模型如图 3-11 所示。

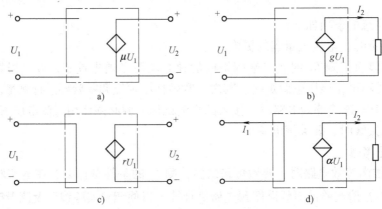

图 3-11　理想受控源模型

4. 受控源的控制端与受控端的关系式称为转移函数。四种受控元的定义及其转移函数参量的定义如下：

1）压控电压源（VCVS）：$U_2 = f(U_1)$，$\mu = U_2/U_1$ 称为转移电压比（或电压增益）。

2）压控电流源（VCCS）：$I_2 = f(U_1)$，$g = I_2/U_1$ 称为转移电导。

3）流控电压源（CCVS）：$U_2 = f(I_2)$，$r = U_2/I_1$ 称为转移电阻。

4）流控电流源（CCCS）：$I_2 = f(I_1)$，$\alpha = I_2/I_1$ 称为转移电流比（或电流增益）。

三、实验仪器与设备

实验中所用仪器与设备见表 3-15。

表3-15　实验仪器与设备

序号	名　称	型号与规格	数量	备注
1	可调直流稳压电源		1	DG04
2	可调恒流源		1	DG04
3	直流数字电压表		1	D31
4	直流数字毫安表		1	D31
5	可变电阻箱		1	DG09
6	受控源实验电路板		1	DG06

四、实验内容与步骤

1. 测量受控源 VCVS 的转移特性 $U_2 = f(U_1)$，及负载特性 $U_2 = f(I_L)$。实验电路如图 3-12 所示。实验步骤如下：

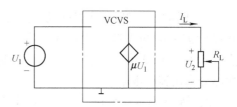

1）固定 $R_L = 2\text{k}\Omega$，调节稳压电源输出电压 U_1，测量 U_1 及相应的 U_2 的值，填入表 3-16 中。

图 3-12　VCVS 转移特性测试电路

表 3-16　实验数据记录

U_1/V	0	1	2	3	4	5	6	7	8
U_2/V									

在方格纸上绘出电压转移特性曲线 $U_2 = f(U_1)$，并在其线性部分求出转移电压比 μ。

2）保持 $U_1 = 2\text{V}$，调节可变电阻箱 R_L 的阻值，测 U_2 及 I_L，填入表 3-17 中，绘制负载特性曲线 $U_2 = f(I_L)$。

表 3-17　实验数据记录

R_L/Ω	50	70	100	200	300	400	500	∞
U_2/V								
I_L/mA								

2. 测量受控源 VCCS 的转移特性 $I_L = f(U_1)$，及负载特性 $I_L = f(U_2)$。实验电路如图 3-13 所示。实验步骤如下：

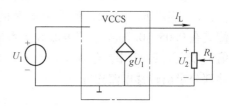

1）固定 $R_L = 2\text{k}\Omega$，调节稳压电源输出电压 U_1，测量相应 I_L 的值，填入表 3-18 中。

在方格纸上绘出电压转移特性曲线 $I_L = f(U_1)$，并在其线性部分求出转移电导 g。

图 3-13　VCCS 转移特性测试电路

表 3-18　实验数据记录

U_1/V	0.1	0.5	1.0	1.5	2.0	2.5	3.0	3.5
I_L/mA								

2）保持 $U_1 = 2\text{V}$，调节可变电阻箱 R_L 的阻值，测 I_L 及 U_2，填入表 3-19 中，绘制负载特性曲线 $I_L = f(U_2)$。

表 3-19　实验数据记录

$R_L/\text{k}\Omega$	50	20	10	8	4	2	1
I_L/mA							
U_2/V							

3. 测量受控源 CCVS 的转移特性 $U_2 = f(I_1)$，及负载特性 $U_2 = f(I_L)$。实验电路如图 3-14 所示。实验步骤如下：

1）固定 $R_L = 2\text{k}\Omega$，调节恒流源输出电流 I_S，使其在 $0.05 \sim 0.7\text{mA}$ 范围内取 8 个数值，测出 U_2 的值，填入表 3-20 中。绘制 $U_2 = f(I_1)$ 曲线，并由线性部分求出转移电阻 r。

2）保持 $I_S = 0.5\text{mA}$，令 R_L 从 $1\text{k}\Omega$ 增至 $8\text{k}\Omega$，测 U_2 及 I_L，填入表 3-21 中，绘制负载特性曲线 $U_2 = f(I_L)$。

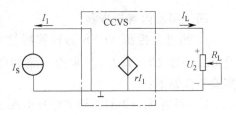

图 3-14　CCVS 转移特性测试电路

表 3-20　实验数据记录

I_1/mA								
U_2/V								

表 3-21　实验数据记录

$R_L/\text{k}\Omega$	1	2	3	4	5	6	7	8
U_2/V								
I_L/mA								

4. 测量受控源 CCCS 的转移特性 $I_L = f(I_1)$，及负载特性 $I_L = f(U_2)$

实验电路如图 3-15 所示。实验步骤如下：

1）固定 $R_L = 2\text{k}\Omega$，调节恒流源的输出电流 I_1，使其在 $0.05 \sim 0.7\text{mA}$ 范围内取 8 个数值，测出 I_L 的值，填入表 3-22 中。绘制 $I_L = f(I_1)$ 曲线，并由线性部分求出转移电流比 α。

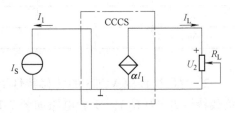

图 3-15　CCCS 转移特性测试电路

表 3-22　实验数据记录

I_1/mA								
I_L/mA								

2）保持 $I_S = 0.5\text{mA}$，令 R_L 从 0、100Ω、200Ω 增至 800Ω，测出 I_L，填入表 3-23 中，绘制负载特性曲线 $I_L = f(U_2)$。

表 3-23　实验数据记录

R_L/Ω								
I_L/mA								
U_2/V								

五、注意事项

1. 每次接电路前，应事先断开供电电源，但不必关闭电源总开关。

2. 用恒流源供电的实验中，不要使恒流源负载开路。

六、预习思考题

1. 受控源与独立电源相比有何异同？比较四种受控源的代号、电路模型、控制量与被控量的关系。

2. 四种受控源中的 r、g、α 和 μ 的意义是什么？如何测得？

3. 若受控源控制量的极性反向，试问其输出极性是否发生变化？

七、实验报告

1. 根据实验数据，在方格纸上分别绘出四种受控源的转移特性和负载特性曲线，并求出相应的转移参量。

2. 对预习思考题做必要的回答。

3. 对实验结果做出合理的分析和结论，总结对四种受控源的认识和理解。

4. 写出本次实验的心得体会。

3.5 最大功率传输定理

一、实验目的

1. 掌握最大功率传输的条件。

2. 了解电源输出功率与效率的关系。

二、实验原理

1. 负载获得最大功率的条件

如图 3-16 所示，U_S 为电压源电压，R_S 为电压源内阻，R_L 是负载。该电路可视为电源通过传输线向负载供电的电路模型，此时 R_S 就是传输线的电阻。

负载 R_L 获得的功率 P_L 为

$$P_L = I^2 R_L = \left(\frac{U_S}{R_S + R_L} \right)^2 R_L$$

可见，当负载 R_L 变化时，其获得的功率 P_L 也将改变。令 $\dfrac{\mathrm{d}P_L}{\mathrm{d}R_L} = 0$，

得：

$$\frac{\mathrm{d}P_L}{\mathrm{d}R_L} = U_S^2 \left[\frac{(R_S + R_L)^2 - R_L \times 2(R_S + R_L)}{(R_S + R_L)^4} \right] = 0$$

求解得 $R_L = R_S$。

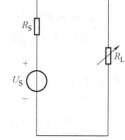

图 3-16　电源向负载
供电的电路模型

R_L 所获得的最大功率为

$$P_{L\max} = \left(\frac{U_S}{2R_S} \right)^2 R_S = \frac{U_S^2}{4R_S}$$

即，当负载电阻 $R_L = R_S$ 时，负载可获得最大功率，此时电路处于"匹配"工作状态。

2. 电路的功率与效率

图 3-16 中电源发出的功率为

$$P_S = I^2 (R_S + R_L)$$

负载 R_L 吸收的功率为

$$P_L = I^2 R_L$$

传输效率为

$$\eta = \frac{P_{\mathrm{L}}}{P_{\mathrm{S}}} = \frac{R_{\mathrm{L}}}{R_{\mathrm{S}} + R_{\mathrm{L}}}$$

可见，当电路处于"匹配"状态时，电源本身要消耗一半的功率，此时电路的效率只有50%。显然，这在电力系统的能量传输过程中是绝对不允许的。由于电路传输的最主要目标是高效率送电，即100%的功率传送给负载，因此负载的电阻应远大于电源的内阻，不允许电路工作在匹配状态。在电子技术领域里则完全不同。一般的信号源本身功率较小，且都具有较大的内阻；而负载电阻往往是较小的定值，且希望能够从电源获得最大的功率，此时电源的效率往往不予考虑。通常设法改变负载电阻，或者在信号源与负载之间加阻抗变换器，使电路工作在匹配状态，以使负载获得最大功率输出。

三、实验仪器与设备

实验中所用仪器与设备见表3-24。

表3-24　实验仪器与设备

序号	名　称	规格与型号	数量	备注
1	可调直流稳压电源	1 ~ 300V 可调	1	DG04
2	旋转电阻箱	0 ~ 9999.9Ω 可调	1	DG09
3	直流电压表		1	
4	直流毫安表		1	

四、实验内容与步骤

1. 实验电路如图3-17所示。

2. 操作步骤如下：

1）将电压源的输出电压 U_{S} 调至12V，关闭待用。

2）按如图3-17所示电路接线，此时电阻箱的数值为 R_{S} 加 R_{L} 的和。

3）按表3-25中 R_{L} 的阻值调节旋转电阻箱电阻值（加上 R_{S} 之和），测量电路的电流 I，并将测量的数据记入表3-25中。

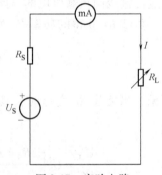

图3-17　实验电路

表3-25　实验数据记录

R_{L}/Ω	100	150	200	250	300	400	500	600	700	800	900	1000
I/mA												
$P_{\mathrm{S}}/\mathrm{W}$												
$P_{\mathrm{L}}/\mathrm{W}$												
η												

注：$U_{\mathrm{S}} = 12\mathrm{V}$，$R_{\mathrm{S}} = 200\Omega$。

五、注意事项

1. 旋转电阻箱的电阻数值为 R_{S} 加 R_{L} 的和，不可小于 R_{S}。

2. 实验过程中及时调节毫安表的量程，以保证测量的精度。

六、实验报告与预习要求

1. 预习要求。预习实验内容并思考如下内容：

1）电力系统进行电能传输时，为什么不能工作在匹配工作状态？

2）当负载获得最大功率时，电路的效率是否也是最大，为什么？

2. 实验报告。实验报告包括如下内容：

1）整理实验数据，分别画出 $P_L - R_L$ 和 $\eta - R_L$ 曲线。

2）根据实验结果，说明负载获得最大功率的条件是什么？

3）写出本次实验的心得体会。

3.6　*RC* 一阶电路响应测试

一、实验目的

1. 测定 *RC* 一阶电路的零输入响应、零状态响应及全响应。

2. 学习电路时间常数 τ 的测量方法。

3. 掌握有关微分电路和积分电路的概念。

4. 学会用示波器测绘图形。

二、实验原理

1. 若选择方波的重复周期远大于电路的时间常数，则电路在这种方波序列脉冲信号的激励下，它的响应与直流接通与断开的过渡过程基本相同。因此，可以用信号发生器输出的方波来模拟直流的接通与断开。即令方波输出的上升沿作为直流激励源的接通时刻，方波下降沿作为直流激励源的断开时刻。

2. 一阶 *RC* 电路的零输入响应和零状态响应分别按指数规律衰减和增长，其变化快慢取决于电路的时间常数 τ。

RC 电路的零输入响应：

$$u_c = U_S e^{-t/\tau} \ (t \geq 0)$$

RC 电路的零状态响应

$$u_c = U_S(1 - e^{-t/\tau}) \ (t \geq 0)$$

其中，$\tau = RC$

3. 时间常数 τ 的测定方法如下：

用示波器测得一阶 *RC* 电路的零输入响应和零状态响应的波形图如图 3-18 所示：

零输入响应：

$$u_c = U_S e^{-t/\tau} \ (t \geq 0)$$

当 $t = \tau$ 时，$u_c(\tau) = 0.368 U_S$。

零状态响应：

$$u_c = U_S(1 - e^{-t/\tau}) \ (t \geq 0)$$

当 $t = \tau$ 时，$u_c(\tau) = 0.632 U_S$。

RC 电路的时间常数 τ 为零输入响应波形下降到 $0.368 U_S$ 对应的时间；也可以通过零状态响应波形来测定，此时，τ 为零状态响应波形增长到 $0.632 U_S$ 对应的时间。

4. 微分电路和积分电路是 *RC* 一阶电路中较典型的电路，它对电路元件参数和输入信号

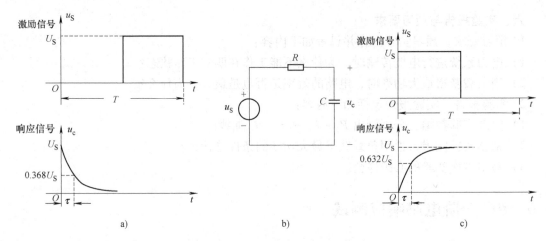

图 3-18　零输入响应和零状态响应电路及波形

a）零输入响应　b）*RC* 一阶电路　c）零状态响应

的周期 *T* 有着特定的要求，具体如下：

1）一个简单的 *RC* 串联电路，如图 3-19 所示。在方波序列脉冲 u_S 的激励下，当满足 $\tau \ll T/2$，且由 *R* 两端的响应 u_R 作为输出，就构成了一个微分电路。因为此时电路的输出信号电压与输入信号电压近似微分关系。其公式如下：

$$u_R \approx RC \frac{\mathrm{d}u_S}{\mathrm{d}t}$$

2）若将图 3-20 中的 *C* 两端的响应 u_C 作为输出，且当电路参数的选择满足 $\tau \gg T/2$ 条件时，就构成了一个积分电路。因为此时电路的输出信号电压与输入信号电压近似积分关系。其公式如下：

$$u_C \approx \frac{1}{RC} \int u_S \mathrm{d}t$$

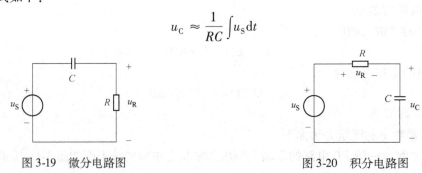

图 3-19　微分电路图　　　　　　　　　　图 3-20　积分电路图

三、实验仪器与设备

实验中所用仪器与设备见表 3-26。

表 3-26　实验仪器与设备

序号	名　称	规格型号	数量	备注
1	信号发生器	VC1640P—2 型	1	
2	双踪示波器	XJ4241 型	1	
3	动态线路实验板		1	DG07
4	数字万用表		1	

四、实验内容与步骤

1. 实验电路分别如图 3-19、图 3-20 所示。

2. 操作步骤如下：

1）选择动态电路板上的 R、C 元件，令 $R=10\text{k}\Omega$，$C=0.01\mu\text{F}$，E 为脉冲信号发生器输出 $U_S=3\text{V}$，$f=1\text{kHz}$ 的方波激励信号源，组成如图 3-20 所示的充放电电路。通过两根同轴电缆将激励源 E 和响应 u_c 的信号分别连至示波器的两个输入口 Y_A 和 Y_B，这时可在示波器的屏幕上观察到激励与响应的变化规律，找出对应的时间常数 τ，并绘出 u_c 的波形图。将相应的数据和图形记入表 3-27 中。

表 3-27　时间常数 τ 的数据及波形图

$R=10\text{k}\Omega$，$C=0.01\mu\text{F}$			
激励源 E 波形 （$E=3\text{V}$，$f=1\text{kHz}$）	响应 u_c 波形	τ 的测量值	τ 的计算值

2）选取 $C=0.01\mu\text{F}$，改变 R 的值使其分别为 $1\text{k}\Omega$、$1\text{M}\Omega$（图 3-20 电路），观察并绘制对应不同参数下响应 u_c 的波形，记入表 3-28 中。

3）选取 $C=6800\text{pF}$，改变 R 的值使其分别为 $1\text{k}\Omega$、$100\text{k}\Omega$（图 3-19 电路），观察并绘制不同参数下响应 u_R 的波形，记入表 3-28 中。

表 3-28　R、C 取不同值所对应的响应波形

R 值 ＼ C 值	$C=0.01\mu\text{F}$	R 值 ＼ C 值	$C=6800\text{pF}$
$U_S=3\text{V}$ $f=1\text{kHz}$	方波信号 	$E=3\text{V}$ $f=1\text{kHz}$	方波信号
$1\text{k}\Omega$		$1\text{k}\Omega$	

（续）

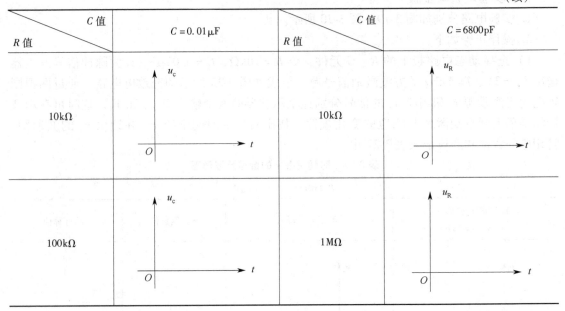

C 值 R 值	$C = 0.01\mu F$	C 值 R 值	$C = 6800pF$
$10k\Omega$		$10k\Omega$	
$100k\Omega$		$1M\Omega$	

五、注意事项

1. 调节电子仪器旋钮时，动作要轻，不要用力过猛，以免损坏仪器。示波器的辉度不要太亮，尤其是光点长期停在荧光屏上不动时，应将辉度调暗，以延长示波管寿命。

2. 信号源的接地端与示波器的接地端要连在一起，以防外界干扰而影响测量结果的准确性。

六、实验报告与预习要求

1. 预习要求。预习实验内容并思考如下内容：

1）什么样的电信号可以作为 RC 一阶电路的零输入响应、零状态响应和全响应的激励信号。

2）已知 RC 一阶电路 $R = 10k\Omega$，$C = 0.1\mu F$，试计算时间常数 τ，并根据 τ 的物理意义拟定测量 τ 的方案。

3）在方波脉冲的激励下，改变 RC 电路中 R、C 的值，观察其输出信号的波形变化规律，并分析这种电路的功能。

2. 实验报告。实验报告包括如下内容：

1）根据实验观察结果，绘出 RC 一阶电路充放电时 u_c 的变化曲线，由曲线测得 τ 值，并与计算值进行比较，分析误差原因。

2）根据实验观察结果，阐明波形变化的特征，分析不同波形下电路的功能。

3）写出本次实验的心得体会。

3.7 R、L、C 元器件阻抗特性的测定

一、实验目的

1. 验证电阻，感抗、容抗与频率的关系，测定 R ~ f、X_L ~ f、X_C ~ f 特性曲线。

2. 加深理解 R、L、C 元件端电压与电流间的相位关系。

二、实验原理

1. 在正弦交变信号作用下，R、L、C 电路元件在电路中的抗流作用与信号的频率有关，他们的阻抗频率特性 $R \sim f$，$X_L \sim f$、$X_C \sim f$ 曲线如图 3-21 所示。

2. 元件阻抗频率特性的测量电路如图 3-22 所示。

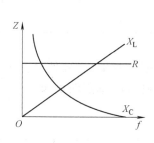

图 3-21　$R \sim f$，$X_L \sim f$，$X_C \sim f$曲线图

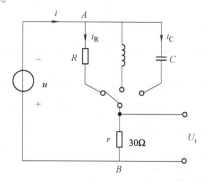

图 3-22　元件阻抗频率特性的测量电路

图中的 r 是提供测量回路电流用的标准小电阻，由于 r 的阻值远小于被测元件的阻抗值，因此可以认为 AB 之间的电压就是被测元件的 R 或 L 或 C 两端的电压，流过被测元件的电流则可由 r 两端的电压除以 r 所得。

若用双踪示波器同时观察 r 与被测元件两端的电压，亦就展现出被测元件两端的电压和流过该元件电流的波形，从而可在荧光屏上测出电压与电流的幅值及它们之间的相位差。

3. 将元件 R、L、C 串联或并联相接，亦可用同样的方法测得 $Z_串$ 与 $Z_并$ 时的阻抗频率特性 $Z \sim f$，根据电压、电流的相位差可判断 $Z_串$ 或 $Z_并$ 是感性还是容性负载。

4. 元件的阻抗角（即相位差 Φ）随入信号的频率变化而改变，将各个不同频率下的相位差画在以频率 f 为横坐标，阻抗角 Φ 为纵坐标的坐标纸上，并用光滑的曲线连接这些点，即得到阻抗角的频率特性曲线。

用双踪示波器测量阻抗角的方法如图 3-23 所

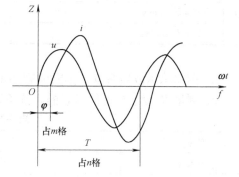

图 3-23　用示波器测量阻抗角方法图

示。荧光屏上数的一个周期占 n 格，相位差占 m 格，则实际的相位差 Φ（阻抗角）为

$$\Phi = m \times \frac{360°}{n}$$

三、实验仪器与设备

实验中所用仪器与设备见表 3-29。

四、实验内容与步骤

1. 测量 R、L、C 元件的阻抗频率特性。

通过电缆线将低频信号发生器输出的正弦信号接至如图 3-22 所示的电路，作为激励源 U，并用交流毫伏表测量，设激励电压的有效值为 $U = 3\text{V}$，并保持不变。

表 3-29 实验仪器与设备

序号	名　称	型号与规格	数量	备注
1	低频信号发生器		1	DG03
2	交流毫伏表		1	
3	双踪示波器		1	
4	实验线路元件		1	DG09
5	频率计		1	DG08

使信号源的输出频率从 200Hz 逐渐增至 5kHz（用频率计测量），并使开关 S 分别接通 R、L、C 三个元件，用交流毫伏表测量 U_r 并通过计算得到各频率点时的 R、X_L、与 X_C 的值，记入表 3-30 中。

表 3-30 实验数据记录

	频率 f/KHz	
	U_r/mV	
R	$I_R = U_r/r$/mA	
	$R = U/I_R$/kΩ	
	U_r/mV	
L	$I_L = U_r/r$/mA	
	$X_L = U/I_L$/kΩ	
	U_r/m	
C	$I_C = U_r/r$/mA	
	$X_C = U/I_C$/kΩ	

2. 用双踪示波器观察在不同的频率下各元件的阻抗角的变化情况，并记入表 3-31 中。

3. 测量 R、L、C 元件串联的阻抗角频率特性。

表 3-31 实验数据记录

频率 f/kHz	
n/格	
m/格	
Φ/度	

五、实验注意事项

1. 交流毫伏表属于高阻抗电表，测量前必须先调零。

2. 测 Φ 时，示波器的 "v/div" 和 "t/div" 的微调旋钮应旋至 "校准位置"。

六、预习思考题

测量 R、L、C 各个元件的阻抗角时，为什么要与它们串联一个小电阻？可否用一个小电感或大电容代替？为什么？

七、试验报告要求

1. 根据实验数据，在方格纸上绘制 R、L、C 三个元件的阻抗频率特性曲线，从中可得出什么结论？

2. 根据实验数据，在方格纸上绘制 R、L、C 三个元件串联的阻抗角频率特性曲线，并总结、归纳出结论。

3. 写出本次实验的心得体会。

3.8　二阶 *RLC* 电路响应测试

一、实验目的

1. 学会用实验的方法来研究二阶电路的响应，了解电路元件参数对电路响应的影响。

2. 观察、分析二阶电路响应的三种状态轨迹及其特点，加深对二阶电路响应的认识与理解。

二、实验原理

1. 二阶电路的响应

一个二阶电路在方波信号正、负阶跃的激励下，可获得零输入与零状态响应，其响应的变化轨迹由电路的结构参数决定。

对于 *RLC* 串联电路，调节电路的元件参数，可得到过阻尼、欠阻尼和临界阻尼三种响应。零输入条件下电路的方程为

$$LC \frac{d^2 u_C}{dt^2} + RC \frac{du_C}{dt} + u_C = 0$$

方程特征根为

$$p_{1,2} = -\frac{R}{2L} \pm \sqrt{\left(\frac{R}{2L}\right)^2 - \frac{1}{LC}} = -\delta \pm \sqrt{\delta^2 - \omega_0^2}$$

式中，$\delta = \dfrac{R}{2L}$ 为衰减系数；$\omega_0 = \dfrac{1}{\sqrt{LC}}$ 为电路的固有角频率。

上式决定了电路过渡过程的性质，有如下几种情况：

1）当 $R > 2\sqrt{\dfrac{L}{C}}$ 时，电路中的电阻过大，称为过阻尼状态，电路中电压、电流呈现非周期性衰减的特点，如图 3-24 所示。

2）当 $R < 2\sqrt{\dfrac{L}{C}}$ 时，电路中的电阻过小，称为欠阻尼状态，电路中的电压、电流呈现振荡衰减的特点，如图 3-25 所示。

3）当 $R = 2\sqrt{\dfrac{L}{C}}$ 时，电路中电阻适中，称为临界状态，电路中电压、电流具有非振荡的性质，与过阻尼状态相似。

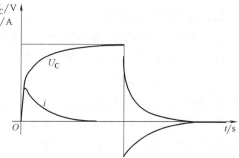

图 3-24　过阻尼状态时电压、电流波形

2. 欠阻尼状态时衰减系数 δ 与振荡角频率 ω 的测量

欠阻尼时，零输入响应 u_C 的方程为

$$u_C = \frac{U_S \omega_0}{\omega} e^{-\delta t} \sin(\omega t + \beta)$$

其波形如图 3-26 所示。

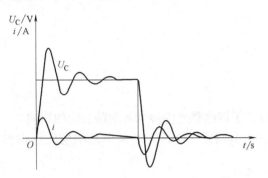

图 3-25　欠阻尼状态时电压、电流波形

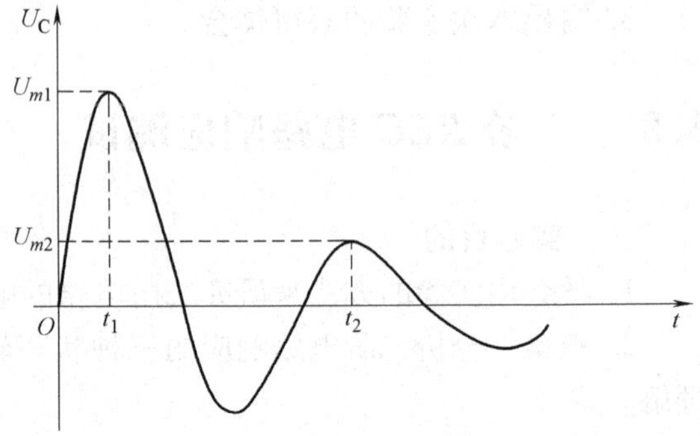

图 3-26　U_C 波形图

可见，振荡周期 $T = t_2 - t_1$，振荡角频率 $\omega = \dfrac{2\pi}{T}$。图中：

$$\frac{U_{m1}}{U_{m1}} = e^{-\delta(t_1 - t_2)} = e^{\delta(t_2 - t_1)} = e^{\delta T}$$

所以，$\delta = \dfrac{1}{T} \ln \dfrac{U_{m1}}{U_{m2}}$。由示波器测出周期 T 以及幅值 U_{m1}、U_{m2} 后，就可算出 δ 的值。

三、实验仪器与设备

实验中所用仪器与设备见表 3-32。

表 3-32　实验仪器与设备

序号	名　称	规格与型号	数量	备注
1	函数信号发生器		1	
2	双踪示波器		1	
3	动态实验电路板		1	DG07
4	万用表		1	

四、实验内容与步骤

1. 二阶电路响应的三种状态波形的测量

1）按如图 3-27 所示电路接线，其中 $L = 10\text{mH}$，$C = 0.01\mu\text{F}$，R 为 10kΩ 可调电阻，令函数信号发生器的输出为 $U_S = \pm 2\text{V}$，$f = 1\text{kHz}$ 的方波脉冲，通过同轴电缆接至上图的输入端，同时用同轴电缆将输入端和输出端接至双踪示波器的 Y_A 和 Y_B 两个端口。

2）调节可变电阻器 R 的阻值，观察二阶电路的零状态响应和零输入响应由过阻尼过渡到临界阻尼，最后过渡到欠阻尼的变化过程，分别定性地描绘、记录响应的典型波

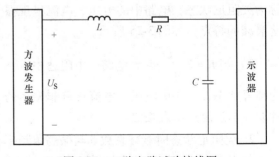

图 3-27　二阶电路试验接线图

形，记入表 3-33 中。

表 3-33　二阶电路响应的三种状态波形的测量

$L = 10\text{mH}$, $C = 0.01\mu\text{F}$			
激励源 U_S 波形 （$U_S = \pm 2\text{V}$, $f = 1\text{kHz}$）	过阻尼波形	临界阻尼波形	欠阻尼波形
u_S	u_c	u_c	u_c

2. 欠阻尼振荡衰减系数 δ 与振荡角频率 ω 的测量

1）调节可变电阻 R，保证电路工作在欠阻尼状态，用万用表测量电阻阻值，记入表 3-34 中。用示波器观察波形，并根据波形测出 T、U_{m1}、U_{m2}，记入表 3-34 中。计算出电路的衰减系数 δ 和振荡角频率 ω。

2）改变电容值，重复上一步的操作，并作记录。

表 3-34　欠阻尼振荡衰减系数与振荡角频率 ω 的测量

L/mH	R/Ω	$C/\mu\text{F}$	U_{m1}/V	U_{m2}/V	T/ms	$\omega/(\text{rad/s})$	$\delta/(\text{ms})^{-1}$ 实验值	$\delta/(\text{ms})^{-1}$ 理论值
10		0.01						
		0.02						
		0.05						
		0.1						
		0.2						

五、注意事项

1. 调节电阻 R 时，要细心、缓慢，临界阻尼要找准。

2. 观察双踪波形时，显示要稳定，如不同步，可采用外同步法触发。

六、预习思考题

1. 根据实验电路中元件的参数，计算出处于临界阻尼状态的电阻 R 的值。

2. 在示波器荧光屏上如何测得二阶电路零输入响应欠阻尼状态的衰减系数 δ 和振荡角频率 ω？

3. 在实验中，若将电阻 R 的阻值调为零，是否会出现无阻尼振荡？为什么？

七、实验报告要求

1. 将观测到的过阻尼、欠阻尼和临界阻尼三种状态下的波形画在方格纸上。

2. 测算欠阻尼振荡曲线上的 δ 和 ω。

3. 归纳、总结电容值的改变对响应变化趋势的影响。

3.9 交流电路等效参数的测量

一、实验目的

1. 学会使用交流电压表、交流电流表和功率表测量元件的交流等效参数的方法。
2. 学会功率表的接法和使用。

二、实验原理

1. 正弦交流激励下的元件值或阻抗值，可以用交流电压表、交流电流表及功率表，分别测量出元件两端的电压 U，流过该元件的电流 I 和所消耗的功率 P，然后通过计算得到所求的各值，这种方法称为三表法，是用以测量 50Hz 交流电路参数的基本方法。

计算的基本公式如下：

阻抗的模 $\qquad |Z| = \dfrac{U}{I}$

电路的功率因数 $\qquad \cos\Phi = \dfrac{P}{UI}$

等效电阻 $\qquad R = \dfrac{P}{I^2} = |Z|\cos\Phi$

等效电抗 $\qquad X = |Z|\sin\Phi$

$\qquad\qquad\qquad X = X_{\mathrm{L}} = 2\pi fL$

或 $\qquad\qquad X = X_{\mathrm{C}} = \dfrac{1}{2\pi fC}$

2. 阻抗性质的判别方法：在被测元件的两端并联电容或串联电容的方法来加以判别，方法与原理如下：

1）在被测元件两端并联一只适当容量的实验电容，如图 3-28 所示，若串联在电路中电流表的读数增大，则被测阻抗为容性，电流减小则为感性。

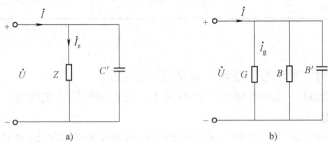

图 3-28 并联电容测量法

图 3-28a 中，Z 为待测定的元件，C' 为实验电容器。图 3-28b 是图 3-28a 的等效电路，图中 G、B 为待测阻抗 Z 的电导和电纳，B' 为并联电容 C' 的电纳。在端电压有效值不变的条件下，按下面两种情况进行分析：

① 设 $B + B' = B''$，若 B' 增大，B'' 也增大，则电路中电流 I 将单调上升，故可判断 B 为容性元件。

②设 $B + B' = B''$，若 B' 增大，而 B'' 先减小而后再增大，电流 I 也是先减小后上升，如图 3-29 所示，则可判断 B 为感性元件。

由上分析可见，当 B 为容性元件时，对并联电容 C' 值无特殊要求；而当 B 为感性元件时，$B' < |2B|$ 才有判定为感性的意义。$B' > |2B|$ 时，电流单调上升，与 B 为容性时相同，并不能说明电路是感性的。因此 $B' < |2B|$ 是判断电路性质的可靠条件，由此得判定条件为

$$C' < \left| \frac{2B}{\omega} \right|$$

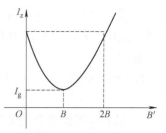

图 3-29 感性元件电流 I-B 关系曲线

2）与被测元件串联一个适当容量的实验电容，若被测阻抗的端电压下降，则判定为容性，端电压上升则为感性，判定条件为

$$\frac{1}{\omega C'} < |2X|$$

式中，X 为被测阻抗的电抗值；C' 为串联试验电容值。此关系式可自行证明。

判断待测元件的性质，除上述借助于试验电容 C' 测定法外，还可以利用该元件电流、电压间的相位关系，若 I 超前于 U，为容性；I 滞后于 U，则为感性。

3. 功率表的结构、接线与使用。功率表（又称为瓦特表）是一种动圈式仪表，其电流线圈与负载串联，（两个电流线圈可串联或并联，因而可得两个电流量限），其电压线圈与负载并联，有三个量限，电压线圈可以与电源并联使用，也可和负载并联使用，此即为并联电压线圈的前接法和后接法之分，后接法会使读数产生较大的误差，因并联电压线圈所消耗的功率也计入了功率表的读数之中。功率表并联电压线圈前接法的外部连接线路如图 3-30 所示。

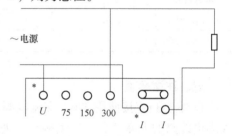

图 3-30 功率表外部连接线路

三、实验仪器与设备

实验中所用仪器与设备见表 3-35。

表 3-35　实验仪器与设备

序号	名　　称	型号与规格	数量	备注
1	交流电压表		1	D33
2	交流电流表		1	D32
3	功率表		1	D34
4	自耦调压器		1	DG01
5	电感线圈	40W 荧光灯配用	1	DG09
6	电容器	4μF/450V	1	DG09
7	白炽灯	25W/220V	1	DG08

四、实验内容与步骤

1. 按如图 3-31 所示接线，并经指导教师检查后，方可接通电网电源。

2. 分别测量 15W 白炽灯（R），40W 荧光灯镇流器（L）和 4μF 电容器（C）的等效参数。

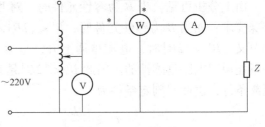

图 3-31　测试线路

3. 测量 L、C 串联与并联后的等效参数。

4. 用并接实验电容的方法来判别 LC 串联和并联后阻抗的性质。

5. 观察并测定功率表电压并联线圈前接法与后接法对测量结果的影响，按表 3-36 记录实验结果。

表 3-36　实验数据记录

被测阻抗	测量值				计算量		电路等效参数		
	U/V	I/A	P/W	$\cos\Phi$	Z/Ω	$\cos\Phi$	R/Ω	L/mH	$C/\mu F$
15W 白炽灯 R									
电感线圈 L									
电容器 C									
L 与 C 串联									
L 与 C 并联									

五、注意事项

1. 本实验直接使用 220V 交流电源供电，实验中要特别注意人身安全，不可用手直接触摸通电线路的裸露部分，以免触电，进实验室应穿绝缘鞋。

2. 自耦调压器在接通电源前，应将其手柄置在零位上，调节时，使其输出电压从零开始逐渐升高。每次接线或实验完毕，都必须先将其手柄慢慢调回零位，再断电源。必须严格遵守这一安全操作规程。

3. 功率表要正确接入电路，读数时应注意量程和标度尺的折算关系。

4. 功率表不能单独使用，一定要有电压表和电流表监测，使电压表和电流表的读数不超过功率表电压和电流的量限。

5. 电感线圈 L 中流过的电流不得超过 0.4A。

六、预习思考题

1. 在 50Hz 的交流电路中，测得一只铁心线圈的 P、I 和 U，如何算得它的阻值和电感量？

2. 如何用串联电容的方法来判别阻抗的性质？试用 I 随 X_C'（串联容抗）的变化关系作定性分析，证明串联试验时，C' 应满足：

$$\frac{1}{\omega C'} < |2X|$$

七、实验报告要求

1. 根据实验数据，完成各项计算。

2. 完成预习思考题 1、2 的任务。

3. 分析功率表并联电压线圈前、后接法对测量结果的影响。

4. 总结功率表与自耦调压器的使用方法。

5. 写出本次实验的心得体会及其他。

☆ 知识拓展：智能功率表的使用

智能功率表的接线同普通指针式功率表。

它是将两只功率表组装在一起，可用双瓦法对三相有功功率进行测量，也可对单相有功功率进行测量。对输入电压、电流根据其数值的大小，能自动切换量程。除测量功能外，还可测量单相的功率因数及负载性质等，还可贮存 15 组功率及功率因数的数据，并可随意查询。操作方法及步骤详见使用说明书。

测量"P"和"$\cos\Phi$"的操作简要说明如下：

1）按要求接好电路。

2）开启电源，显示屏出现"P"、"8"的巡回走动。

3）按动功能键一次，显示屏出现如下图标：

$$\boxed{\begin{array}{cc} S_1 & S_2 \\ & \\ P_1 & \\ & \\ P_2 & \end{array}}$$

然后按确认键，在先前的 P_1 处即可获得功率 P 的读数。

4）继续按动功能键，待显示屏出现如下图标：

$$\boxed{\begin{array}{c} COS1 \\ CCP \\ FUS \end{array}}$$

然后按确认键，在先前的 COS1 处即可读得负载的性质（容性指示 C，感性指示 L）及 $\cos\Phi$ 之值。

3.10 单相正弦交流电路功率因数的提高

一、实验目的

1. 学习荧光灯电路的接线。

2. 研究交流电路中 RL 串联与 C 并联时的电压电流关系。

3. 理解提高功率因数的意义和方法。

4. 熟练使用交流电压表、电流表和功率表。

二、实验原理

本实验中感性负载电路用荧光灯电路代替，荧光灯电路由荧光灯灯管、镇流器、辉光启动器等元件组成。电路如图 3-32 所示。

荧光灯管的内壁涂有一层荧光粉，灯管两端各有一组灯丝，灯丝上涂有易使电子发射的金属粉末。管内抽成真空，填充氩气和少量的汞。它的启动电压是 400～500V，启动后管压降只有 80V 左右。因此荧光灯灯管不能直接接在 220V 的电源上使用，而且启动时需要高于 220V 的电压。镇流器和辉光启动器就是为了满足这个要求而设计的。

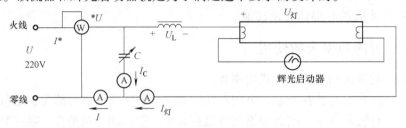

图 3-32　荧光灯电路

镇流器是一个带铁心的线圈。辉光启动器内有两个电极，一个是双金属片，另一个是固定片，两极之间有一个小容量的电容器。一定数值的电压加在辉光启动器两端时，辉光启动器产生辉光放电。双金属片因放电而受热伸直，并与固定片接触。而后辉光启动器因动片与定片接触，放电停止，冷却且自动分开。

荧光灯辉光启动过程如下：当接通电源后，辉光启动器两端承受电源电压，产生辉光放电，双金属片因放电而受热伸直，并与固定片接触。灯管灯丝接通，灯丝预热而发射电子，此时辉光启动器两端电压下降，短时间后，双金属片变冷，动片与定片分开。在此瞬间，镇流器因灯丝电路断开而产生一很高的感应电动势，加在灯管两端，使管内气体电离产生弧光放电而发光。此时辉光启动器两端电压等于灯管点燃后的管压降，这个 80V 左右的电压不足以使辉光启动器再次动作。所以辉光启动器在电路中的作用相当于一个自动开关，镇流器的作用是在灯管启动时产生足够高的感应电动势使灯管点燃，而在正常工作时可起限流作用。

荧光灯工作时，灯管可认为是一电阻负载，镇流器可以认为是一个感性负载，两个构成一个 R、L 串联电路。荧光灯工作时的等效电路如图 3-33 所示。因电路中所消耗功率 $P = UI\cos\varphi$，故测出 P、U、I 后，即可求出电路的功率因数。

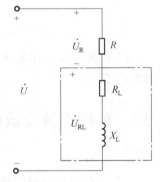

图 3-33　荧光灯等效电路

功率因数的高低反映了电源容量利用率的大小。电路功率因数越低，说明电源容量没有被充分利用。同时无功电流在输电线路上造成无谓的损耗。因此提高电路的功率因数成为电力系统的重要课题。

功率因数较低时，可并联适当容量的电容器来提高电路的功率因数，当功率因数等于 1 时，电路产生谐振，此时电路的总电流最小。若并联电容容量过大，则产生过量补偿。

三、实验仪器与设备

实验中所用仪器与设备见表 3-37 所示。

四、实验内容与步骤

1. 按图 3-32 接线，经指导教师检查后，调 $C = 0$，测量 U、U_L、$U_灯$、I、I_C、$I_灯$ 和 P，并记入表 3-38 中。

表 3-37　实验仪器与设备

序号	名　　称	规格与型号	数量	备注
1	交流电压表	0 ~ 300V	1	D33
2	交流电流表	0 ~ 1A	3	D33
3	功率表		1	D34
4	镇流器	与 40W 荧光灯配用	1	DG09
5	电容箱		1	DG09
6	辉光启动器	荧光灯配用	1	DG09
7	荧光灯管	40W	1	DG01

2. 改变电容值，调 $C = 1\mu F$、$2.2\mu F$、$3.2\mu F$、$4.7\mu F$、$5.7\mu F$、$7.9\mu F$、$9.4\mu F$，分别重测上述各数据，并记入表 3-38 中。经指导教师检查数据无误后，切断电源。

表 3-38　实验数据

$C/\mu F$	U/V	U_L/V	$U_{灯}/V$	I/A	I_C/A	$I_{灯}/A$	P/W	$\cos\varphi/$测	$\cos\varphi/$计算
0									
1									
2.2									
3.2									
4.7									
5.7									
6.9									
7.9									
9.4									

五、注意事项

1. 本实验使用 220V 交流电，务必注意用电和人身安全。

2. 接线完成后，同组同学自查一遍，然后经指导教师检查后方可接通电源。必须严格遵守先接线后通电，先断电后拆线的操作原则。

3. 荧光灯管与镇流器一定要串联接入电路，否则将烧坏灯管。

4. 线路接线正确荧光灯不能启动时应检查辉光启动器及其接触是否良好。

六、预习思考题

1. 在感性负载两端并联适当电容后，电路中哪些量发生了变化？如何变？哪些量不变，为什么？

2. 此实验中，对于基尔霍夫定律的瞬时形式 $\sum i = 0$、$\sum u = 0$，以及相量形式 $\sum \dot{I} = 0$、$\sum \dot{U} = 0$ 是否成立？有效值表达式 $\sum I = 0$、$\sum U = 0$ 是否成立？

七、实验报告要求

1. 完成数据表格中的计算，进行必要的误差分析。

2. 讨论提高功率因数的意义和方法。

3. 从实验测量的第一组数据（即 $C=0$ 的那一组）中，求出荧光灯电阻、镇流器的参数 L。

4. 写出本次实验的心得体会。

3.11　RC 选频网络特性测试

一、实验目的
1. 熟悉文氏电桥电路的结构特点及其应用。
2. 学会用交流毫伏表和示波器测定文氏电桥电路的幅频特性和相频特性。

二、实验原理

文氏电桥电路是一个 RC 串、并联电路，如图 3-34 所示，该电路结构简单，被广泛应用于低频振荡电路的选频环节，可获得高纯度的正弦波电压。

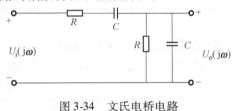

图 3-34　文氏电桥电路

1. 用信号发生器的正弦输出信号作为如图 3-34 所示的信号 u_i，并保持其有效值不变，改变输入信号频率 f，用交流毫伏表测出输出端电压 u_o 有效值，并以频率 f 为横轴，u_o 为纵轴，画出该电路的幅频特性曲线。

文氏电桥的特点之一是输出电压幅度不仅随输入信号的频率而变，且还会出现一个与输入相同的最大值，如图 3-35 所示。该电路的网络函数为

$$H\left(\mathrm{j}\omega\right) = \frac{1}{3+\mathrm{j}\left(\omega RC - 1/\omega RC\right)}$$

当角频率 $\omega = \omega_0 = \dfrac{1}{RC}$ 时，$H(\mathrm{j}\omega) = 1/3$，即 u_o 与 u_i 同相。如图 3-35 所示电路有带通特性。

2. 将上述电路的输入与输出接双踪示波器的两个输入端，改变输入正弦信号的频率，观测其输入与输出波形间的时延 τ 及信号的周期 T，则两波形间的相位差为 $\varphi = \dfrac{\tau}{T} \times 360° = \varphi_o - \varphi_i$。将各个频率下的相位差 φ 画入以 f 为横轴、φ 为纵轴的坐标纸上，即被测电路的相频特性曲线，如图 3-36 所示。

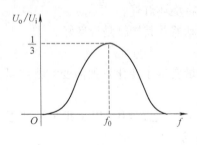

图 3-35　幅频特性曲线

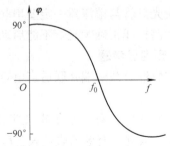

图 3-36　相频特性曲线

当 $\omega = \omega_0$ 时，即 $f = f_0 = \dfrac{1}{2\pi RC}$ 时，$\varphi = 0$，即输出与输入同相位。

三、实验仪器与设备

实验中所用仪器与设备见表 3-39。

表 3-39 实验仪器与设备

序号	名 称	型号与规格	数量	备注
1	低频信号发生器		1	DG03
2	双踪示波器		1	D31
3	交流毫伏表		1	D31
4	RC 选频网络实验板		1	DG07

四、实验内容与步骤

1. 测量 RC 串、并联电路的幅频特性，步骤如下：

1）在实验板上按如图 3-34 所示电路选 $R = 1\mathrm{k}\Omega$、$C = 0.1\mu\mathrm{F}$。

2）调节信号源，输出电压的有效值为 3V，正弦波接入图 3-34 中的输入端。

3）改变信号源的频率 f，并保持 $U_\mathrm{i} = 3\mathrm{V}$ 不变，测输出电压 U_o（可先测量 $H(\mathrm{j}\omega) = 1/3$ 的频率 f_0，然后在 f_0 左右设置其他频率点，测量 U_o），测量数据填入表 3-40 中。

4）另选一组参数（令 $R = 2\mathrm{k}\Omega$、$C = 0.22\mu\mathrm{F}$）重复测量一组数据，填入表 3-40 中。

表 3-40 幅频特性数据

f/Hz								
U_o/V								
$R = 1\mathrm{k}\Omega$、$C = 0.1\mu\mathrm{F}$								
U_o/V								
$R = 2\mathrm{k}\Omega$、$C = 0.22\mu\mathrm{F}$								

2. 测定 RC 串、并联电路的相频特性。按实验原理的步骤进行，选定两组电路参数进行测量，测量数据填入表 3-41 中。

表 3-41 相频特性数据

f/Hz								
T/ms								
τ/ms								
φ								
$R = 1\mathrm{k}\Omega$、$C = 0.1\mu\mathrm{F}$								
τ/ms								
φ								
$R = 2\mathrm{k}\Omega$、$C = 0.22\mu\mathrm{F}$								

五、注意事项

由于低频信号源有内阻，在调节输出频率时，应保证电路的输入电压保持不变。

六、实验报告与预习要求

1. 根据实验数据，绘制幅频特性和相频特性曲线，找出最大值，并与理论计算值比较。

2. 预习 *RC* 串并联电路的幅频特性和相频特性的数学表达式。

3.12 *RLC* 串联谐振电路的研究

一、实验目的

1. 研究 *RLC* 串联电路的交流谐振现象。

2. 测量 *RLC* 串联谐振电路的幅频特性曲线。

3. 学习并掌握电路品质因数 Q 的测量方法及其物理意义。

二、实验原理

1. *RLC* 串联谐振电路

在如图 3-37 所示的 *RLC* 串联电路中，若接入一个电压幅度一定，频率 f 连续可调的正弦交流信号源，则电路参数都将随着信号源频率的变化而变化。

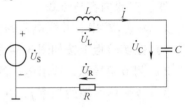

图 3-37 *RLC* 串联谐振电路

电路总阻抗为

$$Z = \sqrt{R^2 + (X_L - X_C)^2} = \sqrt{R^2 + \left(\omega L - \frac{1}{\omega C}\right)^2}$$

$$I = \frac{u_i}{Z} = \frac{u_i}{\sqrt{R^2 + \left(\omega L - \frac{1}{\omega C}\right)^2}}$$

式中，信号源角频率 $\omega = 2\pi f$；容抗 $X_C = \dfrac{1}{\omega C}$；感抗 $X_L = \omega L$。

各参数随 f_0 变化的趋势如图 3-38 所示。ω 很小时，电路总阻抗 $Z = \sqrt{R^2 + \left(\dfrac{1}{\omega C}\right)^2}$；$\omega$ 很大时，电路总阻抗 $Z = \sqrt{R^2 (\omega L)^2}$，当 $\omega L = \dfrac{1}{\omega C}$，容抗感抗互相抵消，电路总阻抗 $Z = R$，为最小值，而此时回路电流则成为最大值 $I_{max} = \dfrac{V_i}{R}$，这个现象即为谐振现象。发生谐振时的频率 f_0 称为谐振频率，此时的角频率 ω_0 即为谐振角频率，它们之间的关系为

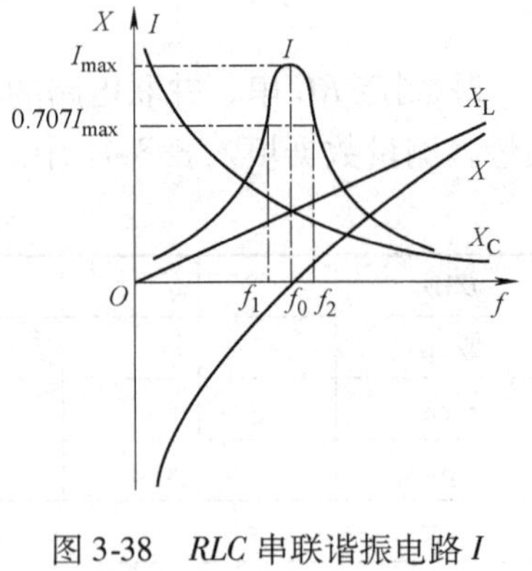

$$\omega = \omega_0 = \sqrt{\frac{1}{LC}}$$

图 3-38 *RLC* 串联谐振电路 I 随 ω 变化曲线

$$f_0 = \frac{\omega_0}{2\pi} = \frac{1}{2\pi \sqrt{LC}}$$

谐振时，通常用品质因数 Q 来反映谐振电路的固有性质。

$$Q = \frac{Z_C}{R} = \frac{Z_L}{R} = \frac{V_C}{V_R} = \frac{V_L}{V_R}$$

$$Q = \frac{1}{\omega_0 R C} = \frac{\omega_0 L}{R} = \frac{1}{R}\sqrt{\frac{L}{C}}$$

得到如下结论：

1）在谐振时，$u_R = u_i$，$u_L = u_C = Qu_i$，所以电感和电容上的电压达到信号源电压的 Q 倍，故串联谐振电路又称为电压谐振电路。

2）Q 值决定了谐振曲线的尖锐程度，或称为谐振电路的通频带宽度，如图 3-38 所示。当电流 I 从最大值 I_{max} 下降到 $\frac{1}{\sqrt{2}}I_{max}$ 时，在谐振曲线上对应有两个频率 f_1 和 f_2，$BW = f_2 - f_1$，即为通频带宽度。显然，BW 越小，曲线的峰就越尖锐，电路的选频性能就越好，可以证明如下：

$$Q = \frac{f}{BW}$$

三、实验仪器与设备

1. 低频信号发生器 1 台。

2. 交流毫伏表 1 台。

3. 电阻箱 1 只。

4. 电容箱 1 只。

5. 空心电感器 0.35H 1 个。

四、实验内容与步骤

1. 测量 R、C、L 串联电路响应电流的幅频特性曲线和 $U_L(\omega)$、$U_C(\omega)$ 曲线。实验电路如图 3-37 所示，选取元件 $R = 500\Omega$、$L = 350\text{mH}$、$C = 0.3\mu\text{F}$。调节低频信号发生器输出电压 $U_s = 4\text{V}$（有效值）不变，测量表 3-37 所列频率时的 U_R、U_L 和 U_C 值，记录于表 3-42 中。

该 R、L、C 串联电路中，$f_0 = 460\text{Hz}$ 左右，为了在谐振频率附近多测几个点，表 3-42 中在 $450 \sim 500\text{Hz}$ 之间空出两格，由实验者根据情况确定两个频率，进行测量。

为了找出谐振频率 f_0 以及出现 U_C 最大值时的频率 f_C，U_L 出现最大值时频率 f_L，可先将频率由低到高初测一次，画出曲线草图，如图 3-39 所示，然后根据曲线形状选取频率，进行正式测量。

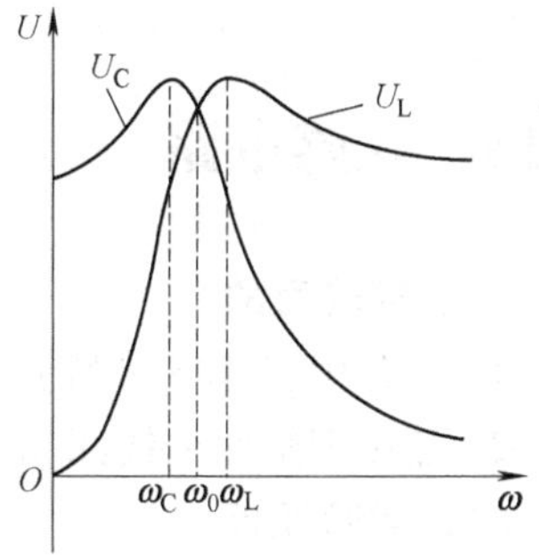

2. 保持 U、L 和 C 数值不变，改变 $R = 1000\Omega$（即改变回路 Q 值，重复上述实验，但只测量 UR 值，并记录于表 3-43 中。这时谐振频率不变，而回路的品质因数 Q 值降低了，在此条件下，再做出电路响应电流的幅频特性曲线。

图 3-39　$U_L(\omega)$、$U_C(\omega)$ 曲线

由于实验中使用电源频率较高，需要用交流毫伏表来测量电压，电路中的电流则用测量已知电阻上压降的方法求出。

表 3-42　测量电流的幅频特性曲线和 $U_L(\omega)$、$U_C(\omega)$ 曲线

F/Hz	100	200	400	450	500	550	600	800	1000
U/V									
U_L/V									
U_f/V									
$U_f = I/\text{mA}$									

表 3-43　$R = 1000\,\Omega$ 时电流的幅频特性曲线

f/Hz	100	200	400	450	500	550	600	800	1000
U_f/V									
$U_f = I/\text{mA}$									

五、注意事项

1. 每次降变信号电源的频率后，注意调节输出电压（有效值），使其保持为定值。

2. 实验前应根据所选元件数值，从理论上计算出谐振频率 f_0 以便和测量值加以比较。

3. 根据实验数据，在坐标纸上绘出不同 Q 值下的响应电流的幅频特性曲线和 $U_{L(\omega)}$、$U_{C(\omega)}$ 曲线（只画高 Q 值的）。

六、思考题

1. 实验中，当 R、L、C 串联电路发生谐振时，关系式 $UR = U$ 和 $U_c = UL$ 是否成立？若关系式不成立，试分析其原因。

2. 可以用哪些实验方法判别电路处于谐振状态？

3. 通过实验总结 RLC 串联谐振电路的主要特点。

4. 为了比较不同 Q 值下的 $I\text{-}f$ 曲线，可将第二条幅频曲线所有数值均乘以一个比例数，使在谐振时的电流值相同。

5. 谐振时，回路的品质因数可用测得数按下列哪一种方法计算较为正确？

$$Q = \frac{U_L}{U},\quad Q = \frac{U_C}{U},\quad Q = \frac{\omega_0 L}{R},\quad Q = \frac{1}{\omega_0 C R}$$

3.13　互感电路

一、实验目的

1. 学会用实验方法测定互感电路的同名端、互感系数 M 及耦合系数 K。

2. 加深理解两个线圈相对位置的改变以及应用不同材料做线圈芯时，对互感的影响。

二、实验原理

1. 互感线圈同名端的判定原理

（1）直流法

根据两个互感线圈的感应电流（感应电动势）的实际方向总是阻碍原电流（原磁通）的变化原理判定。

如图 3-40 所示，直流电源接通（S 闭和）瞬间产生感应电流。若 1、3 端同名，则 i_1 流入 1 端，而 i_2 应流出 3 端，毫安表正偏。反之，指针反偏，说明 i_2 流入 3 端，则 1、4 端（2、3 端）同名。

也可以观察开关 S 断开瞬间毫安表指针的偏转。若 S 断开瞬间，指针反偏，则 1、3 端（2、4 端）同名；反之正偏，则 1、4（2、3 端）同名。

（2）交流法

交流法又分（测）电流法、（测）电压法。

1）电流法。电流法是根据两个线

图 3-40 直流法判互感线圈同名端

圈串联，可能是反串（电流大），也可能是顺串（电流小）的原理判定的。如图 3-41a 所示为两互感线圈顺串，其公式如下：

$$\dot{U} = \dot{I}\big[\,(R_1 + R_2) + \mathrm{j}\omega(L_1 + L_2 + 2M)\,\big]$$

等效电感 $L_{eq} = L_1 + L_2 + 2M$ 增大，相同电压时电流小。

如图 3-41b 所示为两互感线圈反串，其公式如下：

$$\dot{U} = \dot{I}\big[\,(R_1 + R_2) + \mathrm{j}\omega(L_1 + L_2 - 2M)\,\big]$$

等效电感 $L_{eq} = L_1 + L_2 - 2M$ 减小，相同电压时电流大。

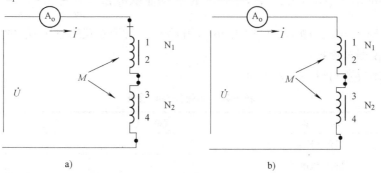

a)　　　　　　　　　　　b)

图 3-41　交流电流法判互感线圈同名端

2）电压法。根据 $u = u_1 + u_2$ 即 $\dot{U} = \dot{U}_1 + \dot{U}_2$，从而得出下面公式：

$$U \approx U_1 + U_2 \qquad （顺串时）$$
$$U \approx U_1 - U_2 \qquad （反串时）$$

顺串时 $\dot{U}_1$、$\dot{U}_2$ 方向相同（相位几乎相同），反串时 $\dot{U}_1$、$\dot{U}_2$ 方向相反（相位几乎相反），故总电压为两者的和与差，就此判定是顺串（1、3 端同名，2、4 端同名），还是反串（1、4 端同名，2、3 端同名）。电路如图 3-42 所示。

2. 两互感线圈互感系数 M 的测定

根据互感电压（开路电压）U_{10}、U_{20} 分别

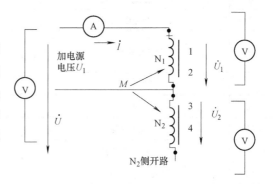

图 3-42　交流电压法判定互感线圈同名端

与另一个线圈中的电流 I_2、I_1 成正比的原理判定，公式如下：

$$U_{10} = \omega M I_2 \propto I_2$$

$$U_{20} = \omega M I_1 \propto I_1$$

$$\omega = 314\text{rad/s}$$

由于 $M = \dfrac{U_{20}}{\omega I_1}$，测得 U_{20}、I_1，则可计算出 M。U_{10}、U_{20} 的测定可与 Z_1、Z_2 的测定在一起进行。

3. 耦合系数 K 的测定

耦合系数 K 的测定公式如下：

$$K = \frac{M}{\sqrt{L_1 L_2}} = \sqrt{\frac{M^2}{L_1 L_2}}$$

式中，K 用来表示两互感线圈耦合松紧程度。

只要（测）求出 L_1、L_2 则可得出 K。而 L_1、L_2 的测定必须测定阻抗，公式如下：

$$Z_1 = \frac{U_1}{I_1} \bigg|_{I2=0} , \quad Z_2 = \frac{U_2}{I_2} \bigg|_{I1=0}$$

及求出感抗 $x_{\text{L}1} = \sqrt{Z_1^2 - R_1^2}$，$x_{\text{L}2} = \sqrt{Z_2^2 - R_2^2}$，从而解得 $L_1 = \dfrac{x_{\text{L}1}}{\omega}$，$L_2 = \dfrac{x_{\text{L}2}}{\omega}$。

测 U_1、I_1 时 $I_2 = 0$，测 I_2、U_2 时 $I_1 = 0$（开路）是为消除互感电压 U_{m} 的影响。

三、实验仪器与设备

实验中所用仪器与设备见表3-44。

表3-44　实验仪器与设备

序号	名　　称	规格型号	数量	备注
1	耦合调压器		1	DG01
2	单相交流电源		1	DG01
3	可调直流稳压电源		1	DG04
4	数字直流毫安表（选用）		1（选用）	D31
5	数字直流电压表		1	D31
6	交流电压表		1	D33
7	交流电流表		1	D32
8	空心互感线圈 N_1、N_2	N_1 为大线圈 N_2 为小线圈	1 对	DG08
9	铁棒、铝棒		2 条	
10	电阻器	510Ω，2W	1	DG09
11	万用表		1	
12	发光二极管	红或绿	1	DG09
13	直流数字电流表（选用）		1	
14	可变电阻器	100Ω，3W	1	DG09

四、实验内容与步骤

1. 判互感线圈同名端

（1）直流法（选做）

实验电路如图 3-43 所示。先将 N_1、N_2 两线圈的四个接线端分别编号为 1、2 和 3、4。N_1、N_2 套在一起，放入铁棒。U 为可调直流稳压电源，调至 6V，然后调可变电阻器 R（由小到大调节），使流过 N_1 侧的电流不超过 0.4A（选用 1A 量程直流电流表）。N_2 侧直接接入 2mA 量程的直流毫安表。

然后，将铁棒迅速拔出和插入，观察 N_2 侧毫安表的正负变化，由此来判断 N_1、N_2 的同名端（原理未述）。

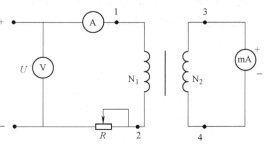

图 3-43　直流法测线圈同名端

（2）交流电流法

交流电流法实验步骤如下：

1）按图 3-41 线路接线。N_1、N_2 同心套在一起，插入铁棒，将 N_1、N_2 串接，并串入 0～1A 量程交流电流表。电流表"量程"键和"1A"量程键一定要按下。

2）通电前，自耦调压器必须先调至零位，确认后，方可通电。很缓慢地调节自耦调压器，使其输出一个很低的交流电压。当 $U = 10V$（调时注视电压表）时，立即停止调压。读出所测数据 U、I，数据记入表 3-45 中。

3）将 N_2 反接，使两线圈作为另一种串联，其他情况同上，再测 $U = 10V$ 时的 I，记入表 3-45 中。

表 3-45　交流电流法测线圈同名端数据

U/V	I/A	同名端判定
10		（顺、反串）
10		（顺、反串）

（3）交流电压法

交流电压法实验步骤如下：

1）按如图 3-42 所示线路接线。N_1、N_2 套在一起（N_1、N_2 串接），中间插入铁心，N_2 侧开路，N_1 侧加电源电压（自耦调压器输出电压），并串入 0～2.5A 量程电流表。电流表"测量"键和量程"2.5A"键一定要按下。

2）自耦调压器必须先调至零位，然后方可接通电源。很缓慢地调节自耦调压器输出电压，同时注视电流表，当电流为 1A 时，（不能超过 1A），立即停止调压，然后用交流电压表（0～30V 量程）测出 U、U_1、U_2，记入表 3-46 中，并由此判定同名端。

3）调换线圈 N_2，使其另一端与 N_1 串接，其他不变，重复 2）操作，记录 U、U_1、U_2 记入表 3-46 中，并由此判定同名端。

2. 互感系数 M 及耦合系数 K 的测定

步骤如下：

表 3-46　交流电压法测线圈同名端数据

U_1/V	U_2/V	U/V	同名端判定
			（顺、反串）
			（顺、反串）

1）按如图 3-44a 所示接线，N_1 侧加电源，N_2 侧开路，中间插入铁棒。缓慢调节电压 U_1，使 $I_1 = 1A$（不得超过 1A）时，立即停止。然后用交流电压表（量程 0～30V）测出 U_1、U_{20}，记入表 3-47 中。计算 M 值。

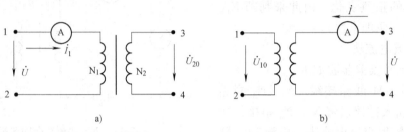

a)　　　　　　　　　　　　　　　b)

图 3-44　互感系数 M 及耦合系数 K 的测定电路

2）按如图 3-44b 所示接线，N_2 侧加电源，N_1 侧开路，仍插入铁棒。缓慢调节电源电压 U_2，注视电流表，当 $I_2 = 0.5A$（不得超过 0.5A）时，立即停止调压，用交流电压表测出 U_2、U_{10}，记入表 3-47 中。计算 M 值。

3）拆除连接电路及电源，用万用表"R×1Ω"档分别测出 N_1、N_2 线圈的导线电阻 R_1、R_2，记入表 3-47 中，求出两线圈阻抗及其 L_1、L_2，计算 K 值。

表 3-47　互感系数 M 及耦合系数 K 的测定数据

N_1 侧加电源 N_2 侧开路	U_1/V		I_1/A		U_{20}/V		M（计算）	
			1					
N_2 侧加电源 N_1 侧开路	U_2/V		I_2/A		U_{10}/V		M（计算）	
电阻	R_1/Ω				R_2/Ω			
计算	Z_1/Ω	Z_2/Ω	X_{L1}/Ω	X_{L2}/Ω	L_1/H		L_2/H	K

注：$\omega = 314\text{rad/s}$。

3. 观察互感现象（选做）

步骤如下：

1）按如图 3-45 所示接线，N_1、N_2 同心套在一起，插入铁棒，N_1 侧加电源及串接电流表，N_2 侧串接 LED 发光二极管及 510Ω 电阻。

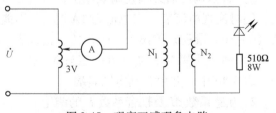

图 3-45　观察互感现象电路

2）将铁棒慢慢从两线圈中抽出和插入，观察 LED 亮度变化情况，记录现象。

3）改变 N_1、N_2 的相对位置，观察 LED 亮度变化情况并记录现象。

4）用铝棒代替铁棒，重复 2、3 步骤，观察并记录现象。

五、注意事项

1. 在测定同名端及其他测量数据实验中，应将小线圈 N_2 套在大线圈 N_1 中，并插入铁心。

2. 做交流实验前，首先检查自耦合调压器手柄是否处在零位。因实验时所加交流电压在 5V 以下，因此调节时要特别仔细小心，随时观察电流表、电压表指针读数，不得超过规定值。否则易烧坏线圈和仪表。

六、实验报告和预习要求

1. 本实验用直流法判断同名端时是使用插、拔铁心观察电流表的正、负读数变化来确定的。这与实验原理中所叙述的方法是否一致？其原理是什么？应如何确定？

2. 总结互感线圈同名端、互感系数的实验测定方法。

3. 分析、计算所测试的数据，得出结果（结论）。

4. 解释实验中观察到的互感现象。

5. 写出本次实验的心得体会。

3.14 单相铁心变压器特性测量

一、实验目的

1. 了解单相变压器的名牌数据。

2. 学会通过测量计算变压器的各项参数。

3. 学会测绘变压器的空载特性和外特性曲线。

二、实验原理

1. 铭牌数据

变压器的铭牌数据有：一次绕组的额定电压和额定电流，二次绕组额定电压和额定电流，额定容量、额定频率等。额定容量指二次绕组的额定电压和额定电流的乘积，如果变压器有多个二次绕组，额定容量指这些二次绕组额定电压与额定电流乘积之和。

2. 参数的计算

如图 3-46 所示为测量变压器参数的电路，分别测出变压器一次侧 AX（低压侧）的 U_1、I_1、P_1 及二次侧 ax（高压侧）的 U_2、I_2，并用万用表测出一次、二次侧的电阻值 R_1 和 R_2，即可算得变压器各参数的值。

电压比：$K_u = \dfrac{U_1}{U_2}$ 电流比：$K_i = \dfrac{I_2}{I_1}$

一次侧阻抗：$|Z_1| = \dfrac{U_1}{I_1}$ 二次侧阻抗：$|Z_2| = \dfrac{U_2}{I_2}$ 阻抗比：$K = \dfrac{|Z_1|}{|Z_2|}$

负载功率：$P_2 = U_2 I_2 \cos\varphi_2$ 损耗功率：$P_0 = P_1 - P_2$

功率因数：$\cos\varphi_1 = \dfrac{P_1}{U_1 I_1}$ 一次线圈铜耗：$P_{CU1} = I_1^2 R_1$

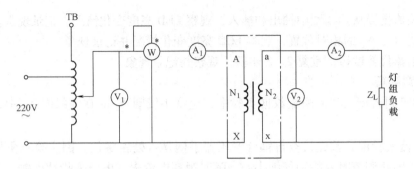

图 3-46　测试变压器参数的电路

二次线圈铜耗：$P_{CU2} = I_2^2 R_2$　铁耗：$P_{Fe} = P_1 - (P_{CU1} + P_{CU2})$

3. 变压器空载特性测量

变压器的空载特性是指，二次侧空载时一次侧电压与电流的关系。空载实验通常是将高压侧开路，由低压侧通电进行测量，又因空载时功率因数很低，故测量功率时应采用低功率因数的瓦特表。此外，因变压器空载时阻抗很大，故电压表应接在电流表外侧。

4. 变压器外特性测量

为了满足实验台上三组灯泡负载额定电压 220V 的要求，故以变压器的低压绕组（36V）为一次侧，220V 的高压绕组为二次侧，即当做一台升压变压器使用。

在保持一次侧电压 $U_1 = 36V$ 不变时，逐次增加灯泡负载，测定 U_2、I_2 和 I_1，即可绘出变压器的外特性，即负载特性曲线 $U_2 = f(I_2)$。

三、实验仪器与设备

实验所用仪器与设备见表 3-48。

表 3-48　实验仪器与设备

序号	名　称	规格与型号	数量	备注
1	交流电流表		2	D32
2	交流电压表		2	D33
3	单相功率表		1	D34
4	实验变压器	220V/36V，50A	1	DG08
5	自耦调压器		1	DG01
6	白炽灯		3	DG08

四、实验内容与步骤

1. 用交流法判别变压器绕组的极性。

2. 按如图 3-46 所示电路接线，AX 为低压绕组，ax 为高压绕组。电源经调压器接至低压绕组，高压绕组接 220V、15W 的灯组负载（用 3 只灯泡并联获得），经指导教师检查后方可进行试验。

3. 将调压器手柄置于输出电压为 0V 的位置，然后合上电源开关，调节调压器，使其输出电压等于变压器低压绕组的额定电压 36V，分别测量负载开路及逐次增加负载至额定值，将测量数据记入表 3-49。实验完毕后将调压器调回 0 位，关闭电源。

表 3-49 测量数据

U_1/V	36	36	36	36
I_1/mA				
P_1/W				
U_2/V				
I_2/mA				

4. 将高压侧开路，确认调压器处于 0 位后，合上电源，调节调压器输出电压，使 U_1 从 0 逐次上升到 1.2 倍的额定电压（1.2×36V），分别记录下各次测得的 U_1、U_{20} 和 I_{10} 到表 3-50 中。

表 3-50 测量数据

序号	实 验 数 据			
	U_1/V	I_{10}/mA	P_1/W	U_{20}/V
1	15			
2	20			
3	25			
4	30			
5	33			
6	36			
7	39			
8	42			

五、实验注意事项

1. 本实验是将变压器当做升压变压器使用，并通过调节调压器来提供一次电压 U_1，故使用调压器时应首先调至 0 位方可合上电源。此外，必须用电压表监测调压器的输出电压，防止被测变压器输出过高电压而损坏实验设备，且要注意安全，以防高压触电。

2. 由负载实验转到空载试验时，要注意及时变更仪表量程。

3. 遇异常情况应立刻断开电源，待处理好故障后再继续实验。

六、预习思考题

1. 为什么本实验将低压绕组作为一次侧进行通电实验？在实验过程中应注意什么问题？

2. 为什么变压器的励磁参数一定是在空载实验加额定电压的情况下求出的？

七、实验报告要求

1. 根据测量数据，绘出变压器的外特性和空载特性曲线。

2. 根据额定负载时测得的数据，计算变压器的各项参数。

3. 写出本次实验的心得体会。

3.15 Ｙ、△负载三相交流电路电流、电压测量

一、实验目的

1. 掌握三相电路中负载作Ｙ和△联结的正确方法。

2. 验证三相对称负载作丫、△联结时，负载的相电压和线电压、相电流和线电流之间的关系。

二、实验原理

1. 在三相电路中，负载的连结方法有两种——丫（星形）和△（三角形）。在丫形联结电路中，线电流等于相电流，线电压等于相电压的$\sqrt{3}$倍。三相对称负载的中线电流等于零。在△形联结中，线电压U_1等于相电压U_p，线电流I_1等于相电流I_p的$\sqrt{3}$倍。但在不对称负载作△形联结时，$I_1 \neq \sqrt{3}I_p$。但只要电源线电压U_1对称，加在三相负载上的电压仍是对称的，对各相负载的工作没有影响。

2. 中线的作用就在于使丫形联结的不对称负载的相电压对称。为了保证负载的相电压对称，不能让中线断开，必须接牢靠。倘若中线断开，会导致各相负载电压变化且相互影响。

三、实验仪器与设备

实验中所用仪器与设备见表 3-51。

表 3-51　实验仪器与设备

序号	名　　称	型号规格	数量	备注
1	交流电压表	0-150-300V	1	D33
2	交流电流表	0-1-2A	1	D32
3	三相自耦调压器		1	DG01
4	三相灯组负载	220V/40W 白炽灯	9	DG08
5	电门插座		3	

四、实验内容与步骤

1. 按如图 3-47 所示接实验线路，调自耦变压器使输出的三相线电压为 220V，各相负载为 3 只 220V，40W 的并联白炽灯，分别测量三相负载的线电压、相电压、线电流、相电流、中线电流、电源中点与负载中点间的电压。并将所测的数据记入表 3-52 中。除掉中线，重复上述测量，数据记入表 3-52 中。然后再接上中线。

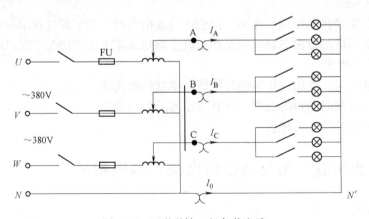

图 3-47　丫形联结三相负载电路

表 3-52　丫形联结对称负载测量数据

	线电压/V			相电压/V			线（相）电流/A			中线电流/A	中点电压/V
	U_{AB}	U_{BC}	U_{CA}	U_A	U_B	U_C	I_A	I_B	I_C	I_N	$U_{NN'}$
有中线											
无中线											

2. 丫形联结，负载不对称：即 A 相负载开路（A 相白炽灯关闭），B 相负载改为 2 只白炽灯，C 相负载不变（仍为 3 只白炽灯），电源线电压仍为 220V，测出三相负载的相电压、相电流、中线电流、电源中点与负载中点间的电压 $U_{NN'}$，数据记入表 3-53 中。

3. 在上述不对称情况下，去掉中线，重测上述各量并将结果记入表 3-53 中。注意观察白炽灯亮度的变化，并体会中线的作用。经指导教师检查数据无误后，拆除线路。

表 3-53　丫形联结不对称负载测量数据

	线电压/V			相电压/V			线（相）电流/A			中线电流/A	中点电压/V
	U_{AB}	U_{BC}	U_{CA}	U_A	U_B	U_C	I_A	I_B	I_C	I_N	$U_{NN'}$
不对称有中线											
不对称无中线											

4. 负载△形联结（三相三线供电）：按如图 3-48 所示接线，电源输出电压仍为 220V。测出各相负载的相电压、相电流、线电流，记入表 3-54 中。经指导教师检查数据无误后，拆除线路。

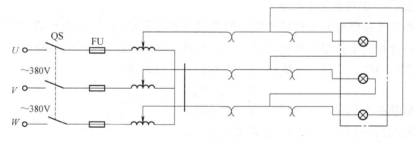

图 3-48　△形联结三相负载电路

表 3-54　△接三相负载测量数据

	开灯盏数			相（线）电压/V			线电流/A			相电流/A		
	AB 相	BC 相	CA 相	U_{AB}	U_{BC}	U_{CA}	I_A	I_B	I_C	I_{AB}	I_{BC}	I_{CA}
三相平衡	3	3	3									
三相不平衡	1	2	3									

五、实验注意事项

1. 本次试验采用三相四线供电，连接电路前必须先调节三相调压器，使输出的三相电压为 220V，并注意用电和人身安全。

2. 每次接线完毕，同组同学应自查一遍，然后经指导教师确认后方可接通电源。

六、预习思考题

1. 熟悉三相交流电路，分析丫形联结不对称负载，在无中线的情况下，当某相负载开路或短路时会出现什么情况？若接上负载，情况又如何？

2. 本次试验中为什么要将线电压调至 220V 使用？

七、实验报告要求

1. 用实验测得的数据检验对称三相电路中相、线电压（电流）间的$\sqrt{3}$倍的关系。

2. 根据实验数据和观察到的现象总结三相四线制供电系统中中线的作用。

3. 不对称△形联结的负载能否正常工作？通过实验来说明。

4. 分别作 Y 形联结对称负载的相、线电压相量图及△形联结对称负载的相、线电流相量图，并说明大小及相位关系。

5. 写出本次实验的心得体会。

3.16   三相电路的功率测量

一、实验目的

1. 熟练掌握功率表的接线和使用方法。

2. 掌握用三瓦特表法、二瓦特表法测量三相电路的有功功率。

3. 学习测量对称三相电路无功功率的方法。

二、实验原理

1. 三相电路有功功率的测量

（1）三瓦特表法测量有功功率

对于三相四线制供电的三相星形联结的负载（即丫形联结），无论负载对称与否，均可用三只功率表分别测出各相负载的有功功率，如图 3-49 所示，然后将各相的功率相加得到三相电路的有功功率，此种方法简称三瓦特表法，其公式如下：

$$P = P_A + P_B + P_C$$

若三相负载是对称的，每相负载所消耗的功率相等，只需测出一相负载的功率，即可得到三相负载所消耗的总功率，其公式如下：

$$P = 3P_A = 3P_B = 3P_C$$

（2）二瓦特表法测量有功功率

三相三线制供电系统中，不论三相负载对称与否，也不论负载是丫形联结还是△形联结，都可用二瓦特表法测量三相负载的总功率，此种方法简称二瓦特表法。实验电路如图 3-50 所示。

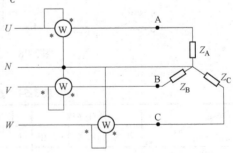

图 3-49   三瓦特表法测量三相电路的有功功率

三相电路的瞬时功率为

$$P = P_A + P_B + P_C = u_A i_A + u_B i_B + u_C i_C$$

根据基尔霍夫定律，有 $i_C = -(i_A + i_B)$，将此式代入上式有：

$$P = u_A i_A + u_B i_B + u_C(-i_A - i_B)$$
$$= (u_A - u_C)i_B + (u_B - u_C)i_B$$
$$= u_{AC} i_A + u_{BC} i_B$$

根据三相平均功率的定义，则有：

$$P = \frac{1}{T}\int_0^T p\,dt = \frac{1}{T}\int_0^T (u_{AC} i_A + u_{BC} i_B)\,dt$$
$$= U_{AC} I_A \cos\alpha + U_{BC} I_B \cos\beta$$
$$= P_1 + P_2$$

式中，α 为 u_{AC} 与 i_A 之间的相位差角；β 为 u_{BC} 与 i_B 之间的相位差角。

由此可见两块功率表的读数之和就是三相电路总的平均功率。其中任一块功率表的读数单独来说没有什么意义，还应注意功率表的正确连接。

2. 对称三相电路无功功率的测量

对于三相三线制供电的三相对称负载，可用一瓦特表测得三相负载的总无功功率 Q，测试原理图如图 3-51 所示。

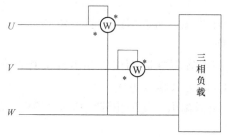

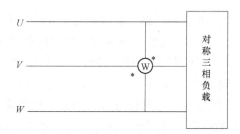

图 3-50　二瓦特表法测量三相电路
的有功功率

图 3-51　一瓦特表测量三相电路对称
负载的无功功率

图 3-51 中功率表读数的 $\sqrt{3}$ 倍等于对称三相电路总的无功功率。除了图 3-51 给出的一种接法（I_B，U_{AC}）外，还有另外两种连接方法，即接成 I_A，U_{BC} 和 I_W，U_{AB}。

三、实验仪器与设备

1. 单相功率表 2 台。

2. 三相负载板 1 套。

3. 电容器单元板 1 套。

四、实验内容与步骤

1. 用三瓦特表测量三相电路的有功功率

按如图 3-49 所示接线，将三相灯组负载接成丫形联结，将 3 只功率表分别接入三相电路。经指导教师检查后，接通三相电源，调节调压器输出，使输出线电压为 220V，按表 3-55 的要求进行测量及计算。

表 3-55　实验数据记录

负载情况	开灯盏数			测量数据			计算值
	A 相	B 相	C 相	P_A/W	P_B/W	P_C/W	$\sum P$/W
丫形联结对称负载	3	3	3				
丫形联结不对称负载	1	2	3				

得出如下公式：

$$\sum P = P_A + P_B + P_C$$

2. 用二瓦特表测量三相电路的有功功率

1）按如图 3-50 所示接线，将三相灯组负载接成丫形联结。经指导教师检查后，接通三相电源，调节调压器输出，使输出线电压为 220V，按表 3-56 的内容进行测量。

表 3-56　实验数据记录

负载情况	开灯盏数			测量数据		计算值
	A 相	B 相	C 相	P_1/W	P_2/W	$\sum P$/W
丫形联结对称负载	3	3	3			
丫形联结不对称负载	1	2	3			
△形联结不对称负载	1	2	3			
△形联结对称负载	3	3	3			

2）将三相灯组负载接成△形联结，重复 1 的操作步骤，将数据记入表 3-56 中。

3. 用一瓦特表测量三相电路对称负载的无功功率

1）按如图 3-51 所示接线，每相负载由白炽灯和电容器并联而成，并由开关控制其接入。将功率表选择 I_B，U_{AC}、I_A，U_{BC} 和 I_C，U_{AB} 中的一种方式接入电路。

2）经指导老师检查后，接通三相电源，调节调压器输出，使输出线电压为 220V，按表 3-57 的内容进行测量，并计算无功功率 $\sum Q$。

表 3-57　实验数据记录

负载情况	测量值	计算值
	Q/Var	$\sum Q = \sqrt{3} Q$
三相对称负载		

五、注意事项

1. 本次实验所用电压较高，仔细检查无误后方可接通电源。应先关断电源再换接线路，以确保安全。

2. 用二瓦特表法测量三相功率，两只功率表的电流线圈，分别串联接入任意两火线，电流线圈的极性端（I^*）应接至靠近电源侧。两功率表的电压线圈极性端（U^*）应与各自的 I^* 相连，而电压线圈的非极性端都接到没有串接功率表的第三条火线上。

六、实验报告与预习要求

1. 预习要求如下：

1）复习二瓦特表法测量三相电路有功功率的原理。

2）复习一瓦特表法测量三相对称负载无功功率的原理。

2. 实验报告内容如下：

1）完成数据表格中的各项测量和计算任务。

2）总结、分析三相电路功率测量的方法与结果。

3.17 功率因数及相序的测量

一、实验目的
1. 掌握三相交流电路相序的测量方法。
2. 熟悉功率因数表的使用方法，了解负载性质对功率因数的影响。

二、实验原理

如图 3-52 所示为相序指示器电路，用以测定三相电源的相序 A、B、C。它是由一个电容器和两个同阻值电灯连接成的星形不对称三相负载电路。如果电容器所接的是 A 相，则灯光较亮的是 B 相，较暗的是 C 相（相序是相对的，任何一相均可作为 A 相，但 A 相确定后，B 和 C 两相也就确定了）。

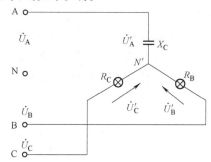

图 3-52　相序指示器电路

为了分析问题简单起见，设 $X_C = R_B = R_C = R$，$\dot{U}_A = U_P\angle 0°$ 为参考相量，电源的中点 N 作为参考结点，根据结点电压法，负载中点和电源中点的电压为

$$\dot{U}_{N'N} = \frac{\dot{U}_A \cdot jwC + \dfrac{\dot{U}_B}{R} + \dfrac{\dot{U}_B}{R}}{jwC + \dfrac{1}{R} + \dfrac{1}{R}} = \frac{U_P j + U_P\angle -120° + U_P\angle 120°}{j + 2} = (-0.2 + j0.6)U_P$$

那么 B 相灯泡所承受的电压为

$$\dot{U}_{BN'} = \dot{U}_{BN} - \dot{U}_{N'N} = E\angle -120° - (-0.2 + j0.6)U_P = (-0.3 - j1.47)U_P$$

C 相灯泡两端电压为

$$\dot{U}_{CN'} = \dot{U}_{CN} - \dot{U}_{N'N} = E\angle 120° - (-0.2 + j0.6)U_P = (-0.3 + j0.266)U_P$$

所以 $U_{BN'} = 1.5U_P$，$U_{CN'} = 0.4U_P$，由此可见灯泡亮的一相是 B 相，暗的一相是 C 相，从而确定出电源的相序。

三、实验仪器与设备
实验中所需仪器与设备见表 3-58。

表 3-58　实验仪器与设备

序号	名　称	型号与规格	数量	备注
1	单相功率表			D34
2	交流电压表			D33
3	交流电流表			D32
4	白炽灯组负载	15W/220V	3	DG08
5	电感线圈	40W 荧光灯管配用	1	DG09
6	电容器	0.47μF/450V		DG09
7	刀开关		3	DG09

四、实验内容与步骤

1. 相序的测定

1）按如图 3-52 所示电路接线，取 220V，15W 白炽灯两只，0.47μF/450V 电容器一只，经三相调压器接入线电压为 220V 的三相交流电源，观察两只灯泡的明亮状态，判断三相交流电源的相序。

2）将电源线任意调换两根后再接入电路，观察两灯的明亮状态，判断三相交流电源的相序。

2. 电路功率（P）和功率因数（cosΦ）的测定

按如图 3-53 所示接线，按表 3-59 的开关状态合闸，记录功率因数表及其他各表的读数记入表 3-59 中，并分析负载性质。

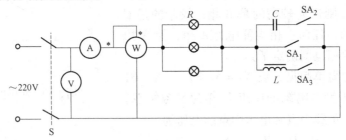

图 3-53　P，cosΦ 测量电路

表 3-59　开关状态与测量数据

开关状态	U/V	U_R/V	U_L/V	U_C/V	I/A	P/W	$\cos\Phi$	负载性质
SA₁ 闭合；SA₂ 及 SA₃ 随意								
SA₂ 闭合；SA₁ 及 SA₃ 断开								
SA₃ 闭合；SA₁ 及 SA₂ 断开								
SA₂ 及 SA₃ 合；SA₁ 断开								

五、实验注意事项

实验中应注意每次改接电路都必须先断开电源。

六、预习要求

根据电路理论来分析图 3-52 电路检测相序的原理。

七、实验报告要求

1. 简述实验电路的相序检测原理。

2. 根据三表测量的数据，计算出 cosΦ，并与 cosΦ 的读数比较，分析误差原因。

3. 分析负载性质对的 cosΦ 影响。

4. 写出本次实验的心得体会。

3.18　双口网络参数测量

一、实验目的

1. 加深理解双口网络的基本理论。

2. 掌握直流双口网络各种参数的测量技术。

二、实验原理

1. 对于线性无源双口网络，我们只关心输入、输出端口电压和电流间的相互关系，可以用 T 参数、H 参数、Z 参数和 Y 参数加以表示。

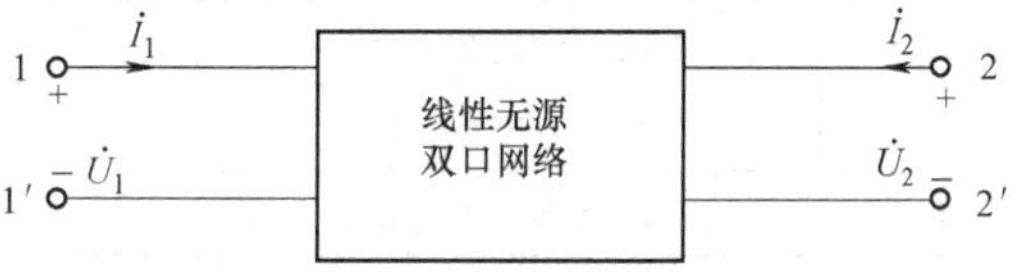

如图 3-54 所示，若以输出端的电压 $\dot{U}_2$ 和 $\dot{I}_2$ 作为自变量，将 $\dot{U}_1$ 和 $\dot{I}_1$ 作为因变量，则特性方程为

图 3-54 双口网络

$$\dot{U}_1 = A\dot{U}_2 + B(-\dot{I}_2), \quad \dot{I}_1 = C\dot{U}_2 + D(-\dot{I}_2)$$

式中，A、B、C、D 称为双口网络的 T 参数。他们的物理意义分别为

$$A = \frac{\dot{U}_1}{\dot{U}_2}\bigg|_{\dot{I}_2=0}, \quad B = \frac{\dot{U}_1}{-\dot{I}_2}\bigg|_{\dot{U}_2=0}, \quad C = \frac{\dot{I}_1}{\dot{U}_2}\bigg|_{\dot{I}_2=0}, \quad D = \frac{\dot{I}_1}{-I_2}\bigg|_{\dot{U}_2=0}$$

若以 $\dot{I}_1$ 和 $\dot{U}_2$ 来表示 $\dot{U}_1$ 和 $\dot{I}_2$，则 H 参数的方程为

$$\dot{U}_1 = H_{11}\dot{I}_1 + H_{12}\dot{U}_2, \quad \dot{I}_2 = H_{21}\dot{I}_1 + H_{22}\dot{U}_2$$

式中，H_{11}、H_{12}、H_{21}、H_{22} 为双口网络的 H 参数，他们的物理意义分别为

$$H_{11} = \frac{\dot{U}_1}{\dot{I}_1}\bigg|_{\dot{U}_2=0}, \quad H_{12} = \frac{\dot{U}_1}{\dot{U}_2}\bigg|_{\dot{I}_1=0}, \quad H_{21} = \frac{\dot{I}_2}{\dot{I}_1}\bigg|_{\dot{U}_2=0}, \quad H_{22} = \frac{\dot{I}_2}{\dot{U}_2}\bigg|_{\dot{I}_1=0}$$

用 $\dot{U}_1$ 和 $\dot{U}_2$ 来表示 $\dot{I}_1$ 和 $\dot{I}_2$ 可得 Y 参数的方程为

$$\dot{I}_1 = Y_{11}\dot{U}_1 + Y_{12}\dot{U}_2, \quad \dot{I}_2 = Y_{21}\dot{U}_1 + Y_{22}\dot{U}_2$$

式中，Y_{11}、Y_{12}、Y_{21}、Y_{22} 为双口网络的 Y 参数，他们的物理意义分别为

$$Y_{11} = \frac{\dot{I}_1}{\dot{U}_1}\bigg|_{\dot{U}_2=0}, \quad Y_{12} = \frac{\dot{I}_1}{\dot{U}_2}\bigg|_{\dot{U}_1=0}, \quad Y_{21} = \frac{\dot{I}_2}{\dot{U}_1}\bigg|_{\dot{U}_2=0}, \quad Y_{22} = \frac{\dot{I}_2}{\dot{U}_2}\bigg|_{\dot{U}_1=0}$$

若以 $\dot{I}_1$ 和 $\dot{I}_2$ 来表示 $\dot{U}_1$ 和 $\dot{U}_2$ 可得 Z 参数的方程为

$$\dot{U}_1 = Z_{11}\dot{I}_1 + Z_{12}\dot{I}_2, \quad \dot{U}_2 = Z_{21}\dot{I}_1 + Z_{22}\dot{I}_2$$

式中 Z_{11}、Z_{12}、Z_{21}、Z_{22} 为双口网络的 Z 参数，他们的物理意义分别为

$$Z_{11} = \frac{\dot{U}_1}{\dot{I}_1}\bigg|_{\dot{I}_2=0}, \quad Z_{12} = \frac{\dot{U}_1}{\dot{I}_2}\bigg|_{\dot{I}_1=0}, \quad Z_{21} = \frac{\dot{U}_2}{\dot{I}_1}\bigg|_{\dot{I}_2=0}, \quad Z_{22} = \frac{\dot{U}_2}{\dot{I}_2}\bigg|_{\dot{I}_1=0}$$

2. 双口网络的级连是最常见的连接方式，其等效双口网络的传输参数矩阵等于两个双口网络 T 参数矩阵相乘，如果：

$$T_1 = \begin{pmatrix} A_1 & B_1 \\ C_1 & D_1 \end{pmatrix}, \quad T_2 = \begin{pmatrix} A_2 & B_2 \\ C_2 & D_2 \end{pmatrix}$$

则

$$T = T_1 \cdot T_2 = \begin{pmatrix} A_1A_2 + B_1C_2 & A_1B_2 + B_1D_2 \\ C_1A_2 + D_1C_2 & C_1B_2 + D_1D_2 \end{pmatrix}$$

三、实验仪器与设备

实验中所用仪器与设备表 3-60。

表 3-60　实验仪器与设备

序号	名　称	型号及规格	数量	备注
1	可调直流稳压电源		1	DG04
2	数字直流电压表		1	D31
3	数字直流毫安表		1	D31
4	双口网络实验电路板		1	DG05

四、实验内容与步骤

双口网络实验接线如图 3-55 所示。将直流稳压电源的输出电压调到 10V，作为双口网络的输入。

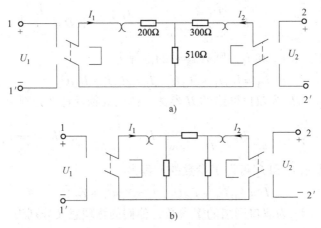

图 3-55　双口网络实验电路

a）双口网络 I　b）双口网络 II

1. 在双口网络 I 的 1-1′端和 2-2′端分别加 10V，在 $I_2 = 0$、$U_2 = 0$ 和 $I_1 = 0$、$U_1 = 0$ 的条件下，分别测量数据记入表 3-61 和表 3-62 中，用于计算双口网络 I 的四套参数。

表 3-61　双口网络 I 的测量数据

测试条件		U_1/V	I_1/mA	U_2/V	I_2/mA
1-1′加 10V	$I_2 = 0$				
	$U_2 = 0$				

表 3-62　双口网络 I 的测量数据

测试条件		U_1/V	I_1/mA	U_2/V	I_2/mA
2-2′加 10V	$I_1 = 0$				
	$U_1 = 0$				

2. 在双口网络 II 的 1-1′端和 2 − 2′端分别加 10V，在 $I_2 = 0$、$U_2 = 0$ 和 $I_1 = 0$、$U_1 = 0$ 的条件下，分别测量数据，记入表 3-63 和表 3-64 中，用于计算双口网络 II 的四套参数。

表 3-63　双口网络 II 的测量数据

测试条件		U_1/V	I_1/mA	U_2/V	I_2/mA
1-1′加 10V	$I_2 = 0$				
	$U_2 = 0$				

表 3-64　双口网络 II 的测量数据

测试条件		U_1/V	I_1/mA	U_2/V	I_2/mA
2-2′加 10V	$I_1 = 0$				
	$U_1 = 0$				

3. 对双口网络 I 和 II 进行级联，分为 I - II 和 II - I 两种情况进行级连。如用网络 I 的 2-2′端与网络 II 的 1-1′端相连，网络 I 的 1-1′端为级连后网络的 1-1′端，网络 II 的 2-2′端为级连后网络的 2-2′端，再按表 3-65 测试级连后的双口网络参数。将双口网络 I 和 II 的级连顺序改变后，再进行测量，数据记录入表 3-66 中。

表 3-65　I - II 双口网络级连后的测量数据

测试条件		U_1/V	I_1/mA	U_2/V	I_2/mA
1-1′加 10V	$I_2 = 0$				
	$U_2 = 0$				

表 3-66　II - I 双口网络级连后的测量数据

测试条件		U_1/V	I_1/mA	U_2/V	I_2/mA
1-1′加 10V	$I_2 = 0$				
	$U_2 = 0$				

五、注意事项

1. 正确选择仪表的量程以减少误差。

2. 注意电流 I_1 和 I_2 的正负号，以防误算参数。

六、实验报告与预习要求

1. 根据测量数据计算出双口网络 I 和 II 的四种参数。

2. 根据级连后的数据计算出两种情况下的 T 参数，并用理论公式加以验证。

3. 要求预习相关的双口网络内容，并用计算出的四种参数，验证双口网络 I 和 II 是互易双口网络，进一步验证是否对称。

3.19　回转器

一、实验目的

1. 掌握回转器的基本特性。

2. 测量回转器的基本参数。

3. 了解回转器的应用。

二、实验原理

1. 回转器是一种无源非互易的新型两端口网络元件，电路符号及其等效电路分别如图 3-56a、图 3-56b 所示。

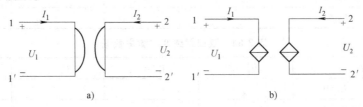

图 3-56　回转器电路符号及其等效电路

理想回转器的导纳方程如下：

$$\begin{vmatrix} I_1 \\ I_2 \end{vmatrix} = \begin{vmatrix} 0 & G \\ -G & 0 \end{vmatrix} \begin{vmatrix} U_1 \\ U_2 \end{vmatrix}$$

或写成：

$$I_1 = GU_2 \qquad I_2 = GU_1$$

也可以写成电阻方程：

$$\begin{vmatrix} U_1 \\ U_2 \end{vmatrix} = \begin{vmatrix} 0 & R \\ R & 0 \end{vmatrix} \begin{vmatrix} I_1 \\ I_2 \end{vmatrix}$$

或写成：

$$U_1 = -RI_2 \qquad U_2 = RI_1$$

式中，G 和 R 分别称为回转电导和回转电阻，简称为回转常数。

2. 若在 2-2′端接一负载电容，则从 1-1′端看进去就相当于一个电感，即回转器能把一个电容元件"回转"成一个电感元件；相反也可以把一个电感元件"回转"成一个电容元件，所以也称为阻抗逆变器。

2-2′端接 C 后从 1-1′端看进去的导纳 Y_i 为：

$$Y_i = \frac{I_1}{U_1} = \frac{GU_2}{-I_2/G} = \frac{-G^2 U_2}{I_2}$$

又因为：

$$\frac{U_2}{I_2} = -Z_L = -\frac{1}{j\omega C}$$

所以：

$$Y_i = G^2/j\omega C = \frac{1}{j\omega L}, \quad L = \frac{C}{G^2}$$

3. 由于回转器有阻抗逆变作用，在集成电路得到重要应用。因在集成电路制造中，制造一个电容元件比制造电感元件容易的多，我们可以用带有电容负载的回转器来获得数值较大的电感。

如图 3-57 所示为用运算放大器组成的回转器电路图。

三、实验设备

实验中所用仪器与设备见表 3-67。

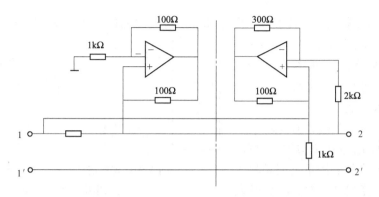

图 3-57　用运算放大器组成的回转器电路

表 3-67　实验仪器与设备

序号	名　　称	型号与规格	数量	备注
1	低频信号发生器		1	DG03
2	交流毫伏表		1	
3	双踪示波器		1	
4	可变电阻箱		1	DG09
5	电容器	0.1μF，1μF		DG06
6	电阻器	1kΩ		DG06
7	回转器实验电路板			DG06

四、实验内容与步骤

实验线路如图 3-58 所示。

1. 在图 3-58 中，2-2′端接纯电阻负载（电阻箱），信号源频率固定在 1kHz，信号电压小于等于 3V。

用交流毫伏表测量不同负载电阻 R_L 时的 U_1、U_2 和 U_{RL}、U_{RS}，并计算相应的电流 I_1、I_2 和回转常数 G，一并记入表 3-68 中。

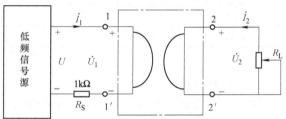

图 3-58　回转器实验线路

表 3-68　回转器实验测量数据

R_L/Ω	测量值		计　算　值				
	U_1/V	U_2/V	I_1/mA	I_2/mA	$G' = I_1/U_2$	$G'' = I_2/U_1$	$G_{平均} = \dfrac{G' + G''}{2}$
500							
1k							
1.5k							
2k							
3k							
4k							
5k							

2. 用双踪示波器观察回转器输入电压和输入电流的相位关系。按如图 3-59 所示连线。

在 2-2′ 端接电容负载 $C = 0.1\mu F$，信号电压小于等于 3V，频率 $f = 1kHz$。观察 I_1 与 U_1 之间的相位关系。

3. 测量等效电感

在 2-2′ 两端接负载电容 $C = 0.1\mu F$，取低频信号源输出电压 $U \leqslant 3V$，并保持恒定。用交流毫伏表测量不同频率时 U、U_1、U_R，并算出 I_1、L'、L 及误差 ΔL，记入表 3-69 中。分析 U、U_1、U_R 之间的相量关系。

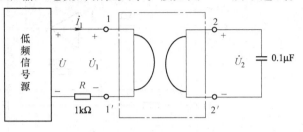

图 3-59　观察回转器输入电压和输入
电流相位关系的电路

表 3-69　测量等效电感数据

参数 ＼ 频率	200	400	500	700	800	900	1000	1200	1300	1500	2000
U/V											
U_1/V											
U_R/V											
$I_1 = \dfrac{U_R}{1K}$ / mA											
$L' = \dfrac{U_1}{2\pi f I_2}$											
$L = C/G^2$											
$\Delta L = L' - L$											

4. 测量谐振特性

用回转器做电感，与电容器 $C = 0.1\mu F$ 构成并联谐振电路，如图 3-60 所示。

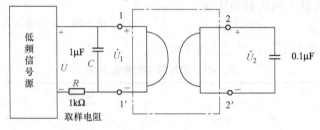

图 3-60　测量谐振特性电路

取 $U \leqslant 3V$ 并保持恒定，在不同频率时用交流毫伏表测量 1-1′ 端的电压 U_1，并找出峰值。记入表 3-70 中。

表 3-70　谐振特性测量数据

频率 f/Hz	200	400	500	700	800	900	1000	1200	1300	1500	2000
U_1/V											

五、注意事项

1. 回转器的正常工作条件是输入的波形必须是正弦波，为避免运放进入饱和状态使波形失真，所以输入电压不宜过大。

2. 实验过程中，示波器及交流毫伏表电源线使用两线插头。

六、实验报告要求

1. 完成各项规定的实验内容（测试、计算、绘曲线等）。

2. 从各实验结果中总结回转器的性质、特点和应用。

第4章 设计型电路实验与电路仿真

4.1 设计型电路实验的目的与进行步骤

一、电路设计的目的

设计型实验是在基础型实验的基础上进行的综合型的实验训练，其重点是电路设计。设计型实验是实验的重要教学环节，它对提高学生的电路设计水平和实验技能，培养学生综合运用所学的知识解决实际问题的能力都是非常重要的。

1. 提高电路的设计能力

一般电路的设计工作主要包括：根据给定的功能和指标要求选择电路的总方案，设计各部分电路的结构，选择元器件的初始参数，使用仿真软件进行电路性能仿真和优化设计，安装、调试电路，进行电路性能指标的测试等。通过电路设计，可以进行设计思想、设计技能、调试能力与实验研究能力的训练，掌握使用仿真软件进行电路性能仿真和优化设计的方法，提高自学能力以及运用基础理论分析与解决实际工程问题的能力，培养严肃认真、理论联系实际的科学作风和创新精神。

2. 加强解决实际工程问题的基本训练

设计型实验一般是提出实验目的和要求，给定电路功能和技术指标，由学生自己拟定实验实施方案，以培养学生的能力。通过阅读参考资料，了解相关领域的新技术、新电路和新器件，开阔眼界与思路。通过查阅器件手册，进一步熟悉常用器件的特性和使用方法，按实际需要合理选用元器件。通过认真撰写总结实验报告，提高分析总结能力和表达能力。

二、设计型实验的进行步骤

设计型实验通常要经过电路设计、电路安装调试与指标测试等过程。

1. 电路设计

认真阅读实验教材，深入理解实验题目所提出的任务与要求，阅读有关的技术资料，学习相关的基本知识；进行电路方案设计和论证；选择和设计单元电路（包括电路结构与元件参数）；使用相关软件进行电路性能仿真和优化设计；画出所涉及的电路原理图；拟定实验步骤和测量方法，画出必要的数据记录表格等。

2. 安装调试与指标测试

根据电路设计，进行电路的连接、安装。安装完后，进一步调试，直至达到设计要求为止。

在调试过程中，就要进行指标测试。要认真观察和分析试验现象，测定实验数据，保证实验数据完整可靠。

3. 撰写总结报告

每完成一个设计型实验，都必须写出总结报告。撰写总结报告既是对整个实验过程的总结，又是一个提高的过程。其主要内容包括：

1）题目名称。

2）设计任务和要求。

3）初始电路设计方案。包括原理图与工作原理、单元电路设计（电路，各元器件主要参数计算等）及仿真结果等。

4）经实验调试修正后的总体电路图、工作原理或源程序文件、流程图等。

5）实验测试数据和实验波形，分析实验结果，并与理论计算或仿真结果进行比较，对实验误差进行必要的分析讨论。

6）总结分析调试中出现的问题，说明解决问题的方法和措施。

7）对思考题的解答及所想到的新问题、新设想。

8）自己的心得体会和建议。

9）主要参考文献。

4.2　实验仿真与设计型实验

4.2.1　电路定理的仿真

一、实验目的

1. 进一步加深对基尔霍夫定律、叠加原理、戴维南定理的理解。

2. 初步掌握使用 EWB 软件建立电路及分析电路的方法。

二、实验原理

1. 基尔霍夫定律

基尔霍夫定律是电路的基本定律，概括了电路中电流和电压应遵循的基本规律，具体如下：

● 基尔霍夫电流定律（KCL）：任一时刻，电路中任一结点流进和流出的电流相等，即 $\sum I = 0$。

● 基尔霍夫电压定律（KVL）：任一时刻，电路中任一闭合回路，各段电压的代数和为零，即 $\sum U = 0$。

2. 叠加原理

在线性电路中，任一支路的电流或电压等于电路中每一个独立电源单独作用时，在该支路产生的电流或电压的代数和。

3. 戴维南定理

对外电路来讲，任何复杂的线性有源二端网络都可以用一个含有内阻的电压源等效。此电压源的电压等于二端网络的开路电压 U_{OC}，内阻等于二端网络各独立电源置零后的等效电阻 R_0。

实验中往往采用电压表测开路电压 U_{OC}，用电流表测端口短路电流 I_s，则等效电阻 $R_0 = \dfrac{U_{OC}}{I_s}$。

三、实验仪器与设备

1. 计算机 1 台。

2. EWB5. 0 以上版本软件 1 套。

3. 打印机 1 台。

四、实验内容与步骤

1. 基尔霍夫定理的验证

实验电路如图 4-1 所示。

步骤如下：

1）启动 EWB5. 0。

2）建立电路。在 EWB 平台上建立如图 4-2 所示电路。在 EWB 菜单项中选择 Circuit 项，在其下拉菜单中选择 Schematic Options 项，选中其对话框中的 Show/Hide 项中的 Show nodes，然后单击"确定"按钮就会显示出所有结点。在 EWB 菜单项中选择 Analysis 项，在其下拉菜单中选择 DC Operating Point 项，屏幕中就会显示所有结点的电动势，再计算出各元器件上的电压。

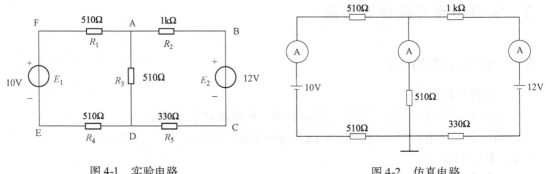

图 4-1　实验电路　　　　　　　　　　图 4-2　仿真电路

3）激活电路，图中的电流表就会显示出各支路电流的大小；如果在元器件两端并联上一个电压表，就可以测量出该元器件上的电压。将各元器件端电压及各支路电流填入表 4-1 中，验证 KCL，KVL。

表 4-1　实验数据

	I_1/mA	I_2/mA	I_3/mA	E_1/V	E_2/V	U_{FA}/V	U_{AB}/V	U_{AD}/V	U_{CD}/V	U_{DE}/V
测量值										
计算值										

2. 叠加原理的验证

在 EWB 平台上建立如图 4-2 所示电路。分别测量 E_1，E_2 单独作用时各元器件的电压和各支路的电流值，与 E_1，E_2 共同作用时的数值比较，验证叠加原理。

1）E_1 单独作用时，E_2 的数值设置为 0V，E_2 单独作用时，E_1 的数值设置为 0V 两种情况下，测得各个元器件两端电压和各支路的电流值。

2）测量 E_1，E_2 共同作用时各个元器件两端的电压和各支路的电流值，与 1 中的数值比较。测量数据填入表 4-2。

3. 戴维南定理的验证

被测有源二端网络如图 4-3 所示。

表 4-2　实验数据

	I_1/mA	I_2/mA	I_3/mA	U_{FA}/V	U_{AB}/V	U_{AD}/V	U_{CD}/V	U_{DE}/V
E_1 单独作用								
E_2 单独作用								
E_1，E_2 共同作用								

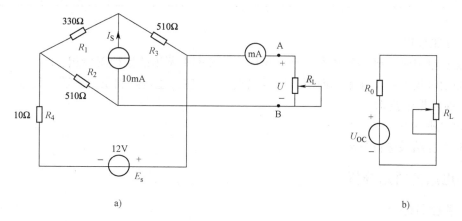

a)　　　　　　　　　　　　　　　　　　　　b)

图 4-3　有源二端网络

1）在 EWB 平台上建立如图 4-4 所示电路，合上开关"Space"可测定短路电流 I_{SC}，断开开关并去掉负载电阻可测定开路电压 U_{OC}，$R_0 = \dfrac{U_{OC}}{I_S}$，将数据填入表 4-3 中。

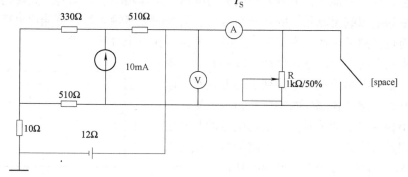

图 4-4　仿真实验电路

表 4-3　实验数据

U_{OC}/V	I_{SC}/mA	R_0/Ω

2）断开开关，改变滑线变阻器接入电路部分的电阻值，每改变一次都记录下此时的电流值，记入表 4-4 中。

3）调用直流电压源，使其电压数值为开路电压 U_{OC}；调用电阻，使其数值为等效电阻

R_0，构成戴维南等效电路，改变滑线变阻器接入电路部分的电阻值，每改变一次都记录下此时的电流值，将数据记入表 4-4 中，对戴维南定理进行验证。

表 4-4　实验数据

R_L/Ω	0					
原网络电流						
等效电路电流						

五、注意事项

1. 建立电路时，电路公共参考端应与从信号源库中调出的接地图标相连。

2. 测量过程中由于参考方向的选定（已选定），应注意实际测量值的正、负号。

六、实验报告要求

1. 画出所建电路图。

2. 对实验结果进行分析。

4.2.2　电路的暂态分析

一、实验目的

1. 学习虚拟示波器的使用方法。

2. 掌握用 EWB 中虚拟示波器测试电路暂态过程的方法。

3. 学习用方波测试一阶 RC 电路、二阶 RLC 串联电路的暂态响应与参数的方法。

二、实验原理

当由动态软件（贮能元件 L 或 C）组成的电路产生换路时，如结构或元件的参数发生改变，或电路中的电源或无源元件的断开与接入、信号的突然输入等，可能使电路改变原来的工作状态，而转变到另一种工作状态。此时，电路存在一个过渡过程。

当电路中只含有一个动态元件或可以等效为一个动态元件时，根据电路的基本定律列出的方程是一阶微分方程。此时电路的各部分的响应是指数规律。

当电路中含有多个动态元件，根据电路的基本定律列出的方程是二阶微分方程时，电路的响应成为二阶响应，如 RLC 串联的电路，如图 4-5 所示。

它的二阶微分方程如下：

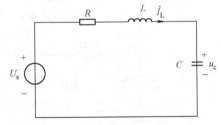

图 4-5　RLC 串联二阶动态电路

$$LC \frac{d^2 u_c}{dt^2} + RC \frac{du_c}{dt} + u_c = U_S$$

其初始值为

$$u_c(0+) = u_c(0-) = U_0, \quad \frac{du_c}{dt/t=0} = \frac{i_L(0+)}{C} = \frac{I_0}{C}$$

式中，u_c，i_L 为电容电压和电感电流；I_0 为电感电流的初始值；U_0 为电容电压的初始值。

求解微分方程，可以得到电容电压随时间变化的规律。改变初始电压和输入激励，可以得到三种不同的二阶响应。不管是哪个响应，其响应的模式完全由电路微分方程的两个特征

根 $S_{1,2} = -\dfrac{R}{2L} \pm \sqrt{\left(\dfrac{R}{2L}\right)^2 - \dfrac{1}{LC}}$ 所决定。设衰减系数 $\alpha = \dfrac{R}{2L}$，谐振角频率 $\omega_0 = \dfrac{1}{\sqrt{LC}}$，则两个特

征根可写为 $S_{1,2} = -\alpha \pm \sqrt{\alpha^2 - \omega_0^2}$。

当 $\alpha > \omega_0$ 时，$R > 2\sqrt{\dfrac{L}{C}}$，则 $S_{1,2}$ 有两个不同的实根为 $-\alpha \pm \sqrt{\alpha^2 - \omega_0^2}$，响应模式是非振

荡的，称为过阻尼情况；当 $\alpha = \omega_0$ 时，$R = 2\sqrt{\dfrac{L}{C}}$，则 $S_{1,2}$ 有两个相等的负实根为 $-\alpha$，响应

是临界振荡的，称为临界阻尼情况；当 $\alpha < \omega_0$ 时，$R < 2\sqrt{\dfrac{L}{C}}$，则 $S_{1,2}$ 有一对共轭复根为 $-\alpha$

$\pm \mathrm{j}\sqrt{\alpha^2 - \omega_0^2}$，响应是振荡性的，称为欠阻尼情况；当 $R = 0$ 时，则 $S_{1,2}$ 为一对虚根，$\pm \mathrm{j}\omega_0$，
响应模式是等幅振荡的，称为无阻尼情况。

三、实验仪器与设备

1. 计算机 1 台。

2. EWB5.0 以上版本软件 1 套。

3. 打印机 1 台。

四、预习要求

1. 复习相关电路暂态分析的原理和方法，并计算出各表达式。

2. 定性画出方波激励下二阶电路电容上电压在过阻尼、临界阻尼、欠阻尼情况下的波形。

3. 阅读 EWB 使用说明，了解示波器的使用方法。

五、实验内容

1. 研究 RC 电路的方波响应。

1）建立如图 4-6 所示的电路，激励信号为方波，取信号源库中的时钟信号，其峰—峰值即 Voltage 参数的值为 10V，频率为 1kHz。

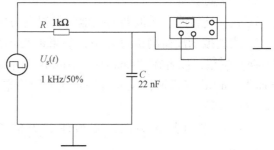

图 4-6　RC 电路的方波响应

2）启动仿真程序，展开示波器面板。触发方式选择自动触发（AUTO），设置合适的 X 轴刻度、Y 轴刻度。调节电平（level），使波形稳定。

3）观察 $u_c(t)$ 的波形，测试时间常数。通道 B 的波形即为 $u_c(t)$ 的波形。为了能较为精确地测试出时间常数 τ，应将要显示段波形的 X 轴方向扩展，即将 X 轴刻度设置减小，如图 4-7 所示。将鼠标指向读数游标的带数字标号的三角处并拖动，移动读数游标的位置，使游标 1 置于 $u_c(t)$ 的波形的零状态响应的起点，游标 2 置于

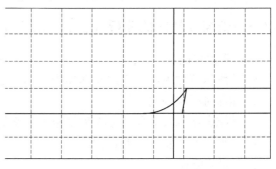

图 4-7　测量 τ 的波形图

$V_{\rm B1} - V_{\rm B2}$ 读数等于或者非常接近于 6.32V 处，则 $T_1 - T_2$ 的读数即为时间常数 τ 的值。

4）改变方波的周期 T，分别测试比较 $T = 20\tau$、10τ、2τ、0.2τ 时 $u_{\rm c}(t)$ 的变化。

2. 研究二阶 RLC 串联电路的方波响应

1）按图 4-8 所示建立电路。激励信号取频率为 5kHz 的时钟信号。

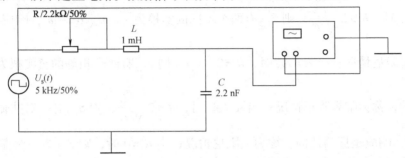

图 4-8　RLC 串联电路的方波响应

2）启动仿真程序，调节电位器 R 的数值，用示波器测试观察欠阻尼、临界阻尼和过阻尼三种情况下的方波响应波形，并记录下临界阻尼时的电位器 R 的数值。

3）用示波器测量欠阻尼情况下响应信号的 $T_{\rm d}$、$U_{\rm m1}$、$U_{\rm m2}$ 的值，计算出振荡角频率 W 和衰减系数 α。

六、注意事项

1. 仪器连接时，示波器的接地引线端应与接地图标相连接。

2. 用虚拟示波器测试过程中，如果波形不易调稳，可以用 EWB 主窗口右上角的暂停（Pause）按钮，或者在 "Analysis \ Analysis Options \ Instruments" 对话框中设置 "Pause after each semen"（示波器满屏暂停）使波形稳定；但当改变电路参数再观察波形时，应重新启动仿真程序。

3. 在测量时间常数时，必须注意方波响应是否处在零状态响应和零输入响应 $\left(\dfrac{T}{2} > 5\tau\right)$ 的状态。否则，测得的时间常数是错误的。

七、实验报告要求

1. 做出各电路的波形曲线。

2. 列出各电路所要求测试的数据并分析测试结果。

4.2.3　受控源特性的分析（受控源设计）

一、实验目的

1. 了解运算放大器的应用及选择线性工作范围的方法。

2. 加深对受控源的理解。

3. 掌握由运算放大器组成各种受控源电路的原理和方法。

4. 掌握受控源特性的测量方法。

二、实验原理

运算放大器与电阻元件组合，可以构成四种类型的受控源。实验要求应用运算放大器构成四种受控源。

1. 电压控制电压源（VCVS）

由运算放大器构成的 VCVS 电路如图 4-9 所示。

由运算放大器输入端"虚短"、"虚断"特性可知，输出电压 $U_2 = -\dfrac{R_f}{R_1}U_1$ 即运算放大器的输出电压 U_2 受输入电压 U_1 的控制。

转移电压比为

$$\frac{U_2}{U_1} = -\frac{R_f}{R_1}$$

该电路时一个反相比例放大器，其输入与输出有公共接地端，这种连接方式为共地连接。

2. 电压控制电流源（VCCS）

由运算放大器实现的 VCCS 电路如图 4-10 所示。

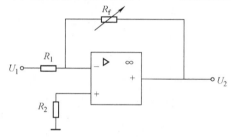

图 4-9　电压控制电流源

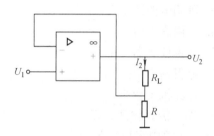

图 4-10　电压控制电流源

根据理想运算放大器"虚短"、"虚断"特性，输出电流为

$$I_2 = \frac{U_1}{R}$$

即 I_2 只受输入电压 U_1 控制，与负载 R_L 无关（实际要求 R_L 为有限值）。该电路输入、输出无公共接地点，这种连接方式称为浮地连接。

3. 电流控制电压源（CCVS）

由运算放大器组成的 CCVS 电路如图 4-11 所示。

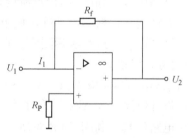

图 4-11　电流控制电压源

根据理想运算放大器"虚短"、"虚断"特性，可推得：

$$U_2 = -I_1 R_f \propto I_1$$

即输出电压 U_2 受输入电流 I_1 的控制，转移电阻为 $-R_f$。

4. 电流控制电流源（CCCS）

运算放大器构成的 CCCS 电路如图 4-12 所示。

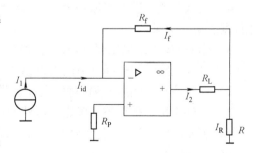

图 4-12　电流控制电流源

根据"虚短"、"虚断"特性可知：

$$I_{id} = c, I_1 = -I_f$$

$$(I_2 - I_f) R = I_f R_f$$

$$I_f = \frac{R}{R + R_f} I_2 = -I_1$$

$$I_2 = -\left(\frac{R + R_f}{R}\right) I_1 = -\left(1 + \frac{R_f}{R}\right) I_1$$

即输出电流 I_2 只受输入电流 I_1 的控制，与负载 R_L 无关。转移电流比为

$$\frac{I_2}{I_1} = -\left(1 + \frac{R_f}{R}\right)$$

三、实验仪器设备

1. 双路稳压电源 1 台。

2. 可调电压源 1 台。

3. 可调电流源 1 台。

4. 万用表 1 台。

5. 运算放大器 2 个。

6. 电阻箱 1 个。

7. 计算机 1 台。

8. EWB 仿真软件 1 套。

四、实验内容与步骤

1. 测量电压控制电压源（VCVS）特性

1）设计电路，并选择合适的器件参数。

2）电路仿真。利用 EWB 对所设计电路进行仿真，调整器件参数。

3）硬件连接。根据仿真确定的电路和器件进行电路连接，制作成满足要求的电路。

4）测试调整。进行实际测量，自行给定 U_1 值，测试 VCVS 的转移特性 $U_2 = f(U_1)$，设计数据表格并记录。

2. 测试电压控制电流源（VCCS）特性

1）设计电路，并选择合适的器件参数。

2）电路仿真。利用 EWB 对所设计电路进行仿真，调整器件参数。

3）硬件连接。根据仿真确定的电路和器件进行电路连接，制作成满足要求的电路。

4）测试调整。进行实际测量，自行给定 U_1 值，测试 VCCS 的转移特性 $I_2 = f(U_1)$，设计数据表格并记录。

3. 测试电流控制电压源（CCVS）特性

1）设计电路，并选择合适的器件参数。

2）电路仿真。利用 EWB 对所设计电路进行仿真，调整器件参数。

3）硬件连接。根据仿真确定的电路和器件进行电路连接，制作成满足要求的电路。

4）测试调整。进行实验测量，自行给定 I_1 值，测试 CCVS 的转移特性 $U_2 = f(I_1)$，设计数据表格并记录。

4. 测定电流控制电流源（CCCS）特性

1）设计电路，并选择合适的器件参数。

2）电路仿真。利用 EWB 对所设计电路进行仿真，调整器件参数。

3）硬件连接。根据仿真确定的电路和器件进行电路连接，制作成满足要求的电路。

4）测试调整。进行实际测量，自行给定 I_1 值，测试 CCCS 的转移特性 $I_2 = f(I_1)$。设计数据表格并记录。

五、预习要求与实验报告

1. 复习运算放大器的原理及分析应用方法

2. 复习受控源的分析方法

3. 选择测试仪器（以便用来测试 I_1、I_2、U_1、U_2 等）以及其他设备。

4. 简述实验原理，目的。画出各实验电路，整理实验数据。

5. 用所测数据计算各受控源参数，并与理论值进行比较，分析误差原因。

6. 总结运算放大器的特点以及此次实验的体会。

六、注意事项

1. 运算放大器输出端不能对地短路。

2. 输入电压不能过高（小于 2V），输入电流不能过大（几十～几百 μA）。

3. 运算放大器的电源正负极性和引脚不能接错。

4.2.4 滤波器特性的研究

一、实验目的

1. 掌握低通、高通电路的频率特性，学习测试低通、高通电路频率特性及有关参数的方法。

2. 掌握使用 EWB 中的波特仪测试电路的频率特性。

二、实验原理

研究电路的频率特性，既是研究分析不同频率的信号作用于电路所产生的响应函数与激励函数的比值关系。在正弦稳态情况下，电路的传递函数为输出相量（响应）与输入相量（激励）之比，公式如下：

$$H(j\omega) = \frac{\dot{X}_o}{\dot{X}_i} = \frac{响应}{激励} = |H(j\omega)| \angle \varphi(j\omega)$$

传递函数是频率的函数。传递函数的模也是频率的函数，反映了输出相量（响应）与输入相量（激励）的幅值关系，称为幅频特性；传递函数的相位角也是频率的函数，反映了输出相量（响应）与输入相量（激励）的相位关系，称为相频特性。本实验主要研究一阶 RC 低通和高通电路的频率特性。

三、实验仪器与设备

1. 计算机 1 台。

2. EWB5.0 以上版本软件 1 套。

3. 打印机 1 台。

四、预习要求

1. 复习一阶低通、高通滤波电路的原理，并计算出各理论值。

2. 阅读 EWB 相关内容，了解波特仪面板按钮功能、波特仪连接方法以及使用方法。

五、实验内容与步骤

1. 测试一阶 RC 低通电路的频率特性

1) 建立如图 4-13 所示电路。输入信号取信号源库中的交流电压源，双击图标，将其电压设置为 1V，频率设置为 1kHz；波特仪从仪器库中调用。

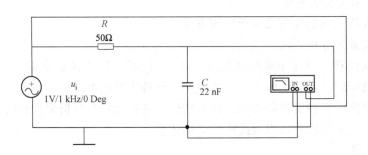

图 4-13   一阶 RC 低通电路频率特性的测试

2) 测试电路的截止频率 f_0。双击波特仪图标，展开波特仪面板。如图 4-14 所示，按下幅频特性测量选择按钮（Magnitude）；垂直坐标（Vertical）的类型选择为线形（Lin），其起始值（I）、终止值（F）即幅度量程分别设置为 0 和 1，水平坐标的坐标类型选择为对数（Log）。

启动仿真，单击波特仪读数游标，移动按钮"←""→"或者直接拖拽读数游标，使游标与曲线交点处垂直坐标的读数非常接近 0.707，即 –20dB/十倍频，频率点对应了幅频特性的模值，此交点处水平坐标的读数即为 f_0 的数值。为了提高读数的精度，将水平坐标轴

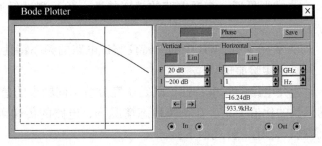

图 4-14   波特仪面板

的起始值、终止值即频率范围设置为初步测试的 f_0 的 ±5kHz 范围，展开测试段的显示曲线，重新启动仿真，读出 f_0 的精确值。

按下相频特性选择按钮，垂直坐标的起始值和终止值即相位角量程设定分别设置为 –90 和 0。重新启动仿真，此时交点处垂直坐标的读数为 f_0 点对应的相位角的值。

3) 分别测试 $0.01f_0$、$0.1f_0$、$0.5f_0$、$5f_0$、$10f_0$、$100f_0$ 点对应的 $|H(j\omega)|$ 和 φ 的值。

按下波特仪面板上幅频特性选择按钮，设置合适的水平坐标范围，即水平坐标的起始值和终止值设置为被测频率点频率的 ±5kHz 范围内。启动仿真程序，拖拽读数游标，使游标与曲线交点处水平坐标读数为要测试的频率点，则垂直坐标为响应的传递函数的模 $|H(j\omega)|$。每测定完一个频率点的 $|H(j\omega)|$ 值，按下波特仪面板上的相频特性按钮，重新启动仿真程序，即可测出该频率所对应的相位角 φ 的值，即交点处垂直坐标的读数。

2. 测试一阶高通电路的频率特性

1）建立如图 4-15 所示电路。

2）测试电路的截止频率 f_0。测试步骤与内容 1 中的 2 步相同。

3）分别测试 $0.01f_0$、$0.1f_0$、$0.5f_0$、$5f_0$、$10f_0$、$100f_0$ 点对应的 $|H(j\omega)|$ 和 φ 的值。测试步骤与内容 1 中的 3 步相同。

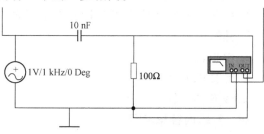

图 4-15　一阶 RC 高通电路频率特性测试

六、注意事项

1. 进行频率特性测试时，为了提高测试的精度，应缩短水平坐标起始值与终止值的设置范围，展开测试段的显示曲线。

2. 波特仪面板参数修改后，应重新启动仿真程序，以确保曲线显示的精确与完整。

七、实验报告要求

1. 建立表格，记录测试结果，做出各电路的幅频特性与相频特性曲线。

2. 根据一阶 RC 低通和高通电路的频率特性，比较分析幅频特性曲线的衰减速度。

3. 电路中输入信号源起什么作用，改变信号源的参数对测试有无影响？

4.2.5　电阻温度计设计

一、实验目的

1. 练习利用计算机仿真进行电路设计、制作和调试的能力。

2. 掌握电桥测量电路的原理与方法。

3. 了解非电量转化为电量的实现方法。

二、实验原理

如图 4-16 所示为一电桥测量电路。其中 G 是检流计。

检流计两端电压为

$$U = \frac{R_2}{R_1 + R_2}U_S - \frac{U_1}{R}U_S = \frac{R_2R_X - R_1R_3}{(R_1 + R_2)(R_X + R_3)}U_S$$

当 $R_2R_X = R_1R_3$ 时，电桥平衡，检流计指示为零。

此时，$R_X = \dfrac{R_1R_3}{R_2}$。当电桥平衡条件被破坏时，就会有电流流过检流计，且电流的大小随电阻阻值 R_X 而变化。利用电桥这一特性可以制成电阻温度计。

取 R_X 为一热敏电阻，其阻值随温度的变化而变化，通过检流计的电流随 R_X 的变化而变化，即随温度 t 的变化而变化，从而将温度 t 这一非电量转变为电

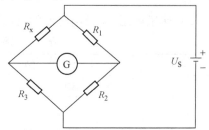

图 4-16　电桥测量电路

流 I 这一电量。将这一电量测量显示，根据温度与电量的关系标定指示刻度，就可以制作出温度计。除此之外，当 R_X 分别为压敏电阻、湿敏电阻、光敏电阻时，就可以制成压力计、湿度计、照度计等测量仪器。其用途十分广泛。

本实验要求利用电桥测量原理制作一只电阻温度计。

三、实验仪器与设备

1. 直流稳压电源 1 台或电池 1 节。

2. 电流表 1 只（建议使用 $100\mu A$ 电流表）。

3. 热敏电阻 1 只。

4. 电阻若干。

5. 计算机 1 台。

6. EWB 仿真软件 1 套。

四、实验内容与步骤

1. 实验电路设计。按电桥测量电路设计合理的电路温度计测量电路，R_X 选用热敏电阻 R_T。

2. 电路仿真。利用 EMB 对所设计电路进行仿真，调整确定器件参数。如图 4-17 所示是其中一种可能的选择。

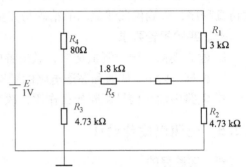

3. 硬件连接。根据仿真确定的电路和器件进行电路连线，制成满足要求的电路。

4. 调整测试。进行实际测量，记录所测量数据并与仿真的计算数据比较。

5. 利用设计的电路及测量的数据改制、标定温度表刻度，电阻温度计即制作完成。

图 4-17　仿真电路图

6. 用水银温度计作标准，以一杯开水逐渐冷却的温度作测试对象，对自制的温度计误差进行调试。

五、预习要求与实验报告

1. 预习电桥测量电路工作原理。

2. 选择合适的器件及仪器。画出实验电路列出所有器件清单。

1）用 $100\mu A$ 电流表头作温度显示时，表头中"0"代表温度 0℃，"100"代表温度 100℃。

2）热敏电阻 R_T 及与温度的对应关系如表 4-5 所示。

表 4-5　热敏电阻 R_T 及与温度的对应关系

$T/℃$	0	10	20	30	40	50	60	70	80	90	100
R_T/Ω	3000	1850	1180	800	550	350	240	180	140	110	80

3. 写出各电路的仿真结果和实测结果（表格或波形）。

4. 简述实验设计中各参数选取的依据，以及调试中遇到问题的解决思路和方法。

5. 写出本次实验的心得体会。

4.2.6　感性负载断电保护电路设计

一、实验目的

1. 掌握感性负载的工作特性，了解其断电保护在工程上的意义。

2. 培养理论联系实际的能力。

3. 提高利用计算机仿真软件设计电路的能力。

4. 培养独立设计实验和分析总结（报告）的能力。

二、实验原理

从理论上讲，电感在正常情况下发生断路时，电感电流不能发生跃变。但是对于图 4-18 所示的简单感性负载电路来讲，当直流激励的感性负载支路突然断电时，电感电路从非零值变为零，电感上会感应出极高的电压。此时，如果没有专门的续流电路，电感电路不能在开关触点分离瞬间立即下降为零，而要穿过触点的气隙持续一段时间，从而形成气体导电而出现电弧。即电弧是由触点断开时，电路中电感负载感应高压击穿触点气隙，使空气成为电流的通路而产生的现象。

电弧和火花会烧坏开关触点，大大降低触点的工作寿命。它还会产生强大的电磁干扰，破坏其他电器设备的正常工作，严重时还会危及人身安全，造成很大的危险。

断电保护电路是消除感性负载断电危险的一个有效措施，如图 4-19 所示。

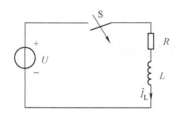

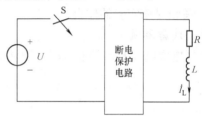

图 4-18　简单感性负载电路　　　　　图 4-19　带断电保护的感性负载电路

断电保护电路的设计原则是当负载正常工作时，保护电路不工作，对原电路尽量不产生影响。一旦负载断电，保护电路可提供一个感性负载的放电回路，亦称为续流通路，续流电路将电路中贮存的磁场能量以其他能量形式消耗掉，使电感电流不出现过大变化，从而保证电感两端不产生过高的电压，避免断电时发生危险。通常，可以选择阻值合适的电阻或利用二极管的单向导电性构成保护电路。

本实验要求设计至少一种感性负载的断电保护电路。

三、实验仪器与设备

1. 双路稳压电源 1 台。

2. 感性负载 1 台。

3. 数字万用表 1 台。

4. 电阻若干。

5. 二极管 1 只。

6. 计算机 1 台。

7. EWB 仿真软件 1 套。

四、实验内容与步骤

1. 电路设计。画出设计线路，选择确定电路元件及参数。

2. 理论分析。从理论上分析所设计电路的断电保护的原理。

3. 电路仿真。利用 EWB 对所设计电路进行仿真，调整确定器件参数。

1）加保护前的电感电流波形分析。

2）加保护后的电感电流波形分析。

3）保护电路取不同参数情况下的保护效果。

4）选择合理的保护电路参数并说明原因。

4. 硬件连接。根据仿真确定的电路和器件进行电路连接，构成满足要求的电路。

5. 测试调整。选择合适的直流电源输入，验证所设计的断电保护电路对感性负载的保护作用。测试相关数据并记录于表格。

五、预习要求与实验报告

1. 复习所用的基本理论，确定设计的基本思想。

2. 选择实验所用测量仪表仪器及其他设备。

3. 实验前拟好实验数据记录表格及实验步骤。

4. 综述设计原理，画出各实验电路图，整理实验数据。

5. 写出实测过程报告，并分析总结实测结果。

6. 总结对该实验的体会

六、注意事项

选择电源电压及器件参数时，要注意考虑器件的额定电流和额定功率。

第5章　设计与实践综合实验

5.1　测量电容电路的设计制作

一、设计制作任务与要求

1. 设计制做一个用于测量电容的电路，也可适用于电容传感器的测量电路。
2. 测量范围：$10\mathrm{pF} \sim 1\mathrm{\mu F}$。
3. 测量精度：1%。

二、设计制作思路

测量电容的方法有很多，本设计采用差动脉冲调宽的方法测量电容。利用双稳态触发器提供电容充放电电压，再利用电阻、二极管与电容组成充放电电路。由于电容不同，充放电的时间也不同。由测量电容和基础电容之差形成的不同脉宽，最后经放大器输出的电压反映被测电容值。

三、参考电路

电路原理图如图 5-1 所示。

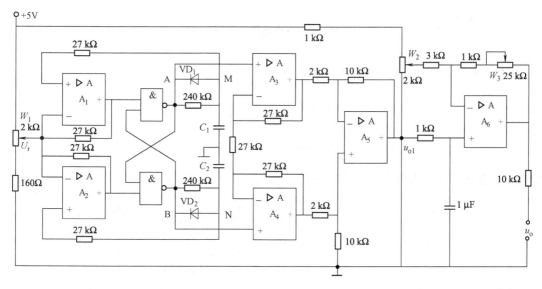

图 5-1　测量电容电路的参考电路原理图

C_1，C_2 可为电容传感器的两个差动电容，也可以是 C_2 为基础电容（固定不变），C_1 为测量电容。两个与非门（74LS00）组成双稳态触发器，当双稳态触发器的 A 点为高电位时，则通过 $240\mathrm{k\Omega}$ 电阻对 C_1 充电，充电到 M 点电压高于参考电位 U_r 时，比较器 A_1 产生脉冲，双稳态触发器翻转，B 点的输出为低电位，电容 C_2 通过二极管 VD_2 迅速放电，翻转后，A

点变为低电位，B 点变为高电位，这时在反方向上重复上述过程，即 C_2 充电，C_1 放电。当 $C_1 = C_2$ 时，各点电压波形如图 5-2a 所示，输出电压 u_{o1} 的平均值为零。当 $C_1 \neq C_2$ 时，C_1，C_2 充电时间常数也不等，各点电压波形如图 5-2b 所示，输出电压 u_{o1} 的平均值不为零，经过低通滤波器后，即可得一直流电压。

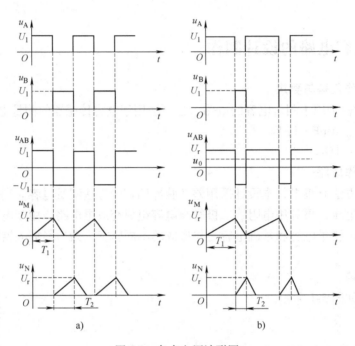

图 5-2　各点电压波形图

设 C_1、C_2 的充电时间分别为 T_1、T_2，则有：

$$T_1 = R_1 C_1 \ln \frac{U_1}{U_1 - U_r}$$

$$T_2 = R_2 C_2 \ln \frac{U_1}{U_1 - U_r}$$

式中，U_1 为触发器的高电位，U_r 为比较器给定电压。

$$U_{AB} = \frac{T_1}{T_1 + T_2} U_1 - \frac{T_2}{T_1 + T_2} U_1 = \frac{T_1 - T_2}{T_1 + T_2} U_1 = \frac{R_1 C_1 \ln \dfrac{U_1}{U_1 - U_r} - R_2 C_2 \ln \dfrac{U_1}{U_1 - U_r}}{R_1 C_1 \ln \dfrac{U_1}{U_1 - U_r} + R_2 C_2 \ln \dfrac{U_1}{U_1 - U_r}}$$

当 $R_1 = R_2 = R$ 时：

$$U_{AB} = \frac{C_1 - C_2}{C_1 + C_2} U_1$$

$$u_o = K U_{AB} = K \frac{C_1 - C_2}{C_1 + C_2} U_1$$

C_2 是已知的，这就建立了输出电压与被测电容之间的关系，从而测量出电容值。

四、关键技术

1. 差动脉宽调制的原理
2. 参考电压 U_r 的取值可经试验调试获得。
3. 电容冲、放电回路的设置。
4. 输出级的数据放大器的应用。

五、设计制作报告要求

写出设计制作过程和调试过程。

5.2 全自动交流稳压器的设计制作

一、设计制作任务与要求

利用自耦变压器设计制作一全自动交流稳压器,要求如下:

1) 采用市电直接跟踪取样方式,无间断电压切换。
2) 市电输入电压在 135～240V 时,输出电压为 220V±10%。
3) 输出功率 500W。
4) 超压自动断电保护。

二、设计制作思路

1. 设计功率输出为 500W 的自耦变压器,变压器分为四组基本抽头,分别为 220V、200V、180V、155V。另外,设计两组 12V 和 9V 输出。
2. 采用四只 9V 直流小型继电器控制变压器抽头的分断。
3. 采用 NPN 晶体管作为电压检测、PNP 晶体管用于继电器控制驱动。

三、参考电路

参考电路如图 5-3 所示。

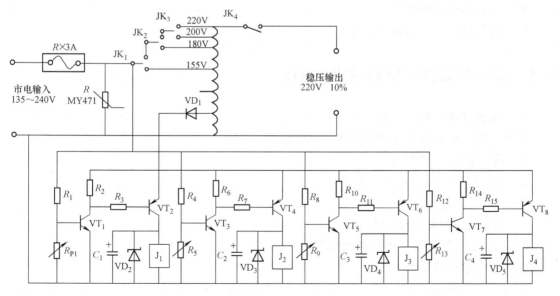

图 5-3 全自动交流稳压器参考电路

四、关键技术

1. 变压器制作：选用舌宽 30mm，叠厚 60mm 的铁心，每伏绕三圈，线圈抽头如下：

- 0～9～12V 为自动控制电路提供电源。
- 155～180～200～220V 用于电压调整。
- 0～155V，155～220V 用直径为 0.9mm 的漆包线绕制。

2. 晶体管采用 8050 和 8550 中功率 NPN 和 PNP 晶体管。

3. 继电器的工作电压 9V，触点电压为 220V，3A。

4. 调试：当组装完毕，检查无误后即可自行调试。其方法如下：

1）用一台交流调压器模拟市电输入，当输入端无电压输入时，继电器释放，四组触点分别连接自耦变压器的 155V、180V、200V、220V 输入端。

2）当调压器输出 155V 电压时，调电阻 R_{P1}、R_5、R_6、R_{13} 保持四组继电器全部处于释放状态，自耦变压器输出为 220V。

3）当调压器输出为 180V 电压时，调 R_{P1} 电阻，使继电器 J_1 吸合，J_1 的触点接通自耦变压器 180V 输入端，变压器输出电压为 220V。

4）当调压器输出为 200V 电压时，调 R_5 电阻，使继电器 J_2 吸合，J_2 的触点接通变压器 200V 输入端，变压器输出电压为 220V。

5）当调压器输出为 220V 电压时，调 R_9 电阻，使继电器 J_3 吸合，接通变压器 220V 输入端，输出电压为 220V。

5. 保护设定。当调压器输出 245V 电压时，调 R_{13} 使 J_4 吸合，J_4 常闭触点断开，切断电源输出。

6. 压敏电阻保护。市电输入端串接 3A 保险丝，压敏电阻并接在市电输入两端，当超压端保护电路失灵或有较高浪涌电压进入时，压敏电阻击穿短路，使熔体熔断，切断输入回路。

五、设计制作报告要求

写出设计制作过程和调试过程。

5.3　多路防盗报警电路的设计制作

一、设计制作任务与要求

设计制做一个多路防盗报警电路，要求如下：

1）输入电压：DC12V。

2）输出信号：同时驱动 LED 和继电器。

3）具有延时触发功能。

4）具有显示报警地点功能。

5）可以根据需要随时扩展报警路数。

二、设计制作思路

多路报警器采用多路输入、统一报警输出方式实现。输入端带延时触发功能，以达到更佳防盗效果。

三、原理框图

多路报警器原理框图如图 5-4 所示。

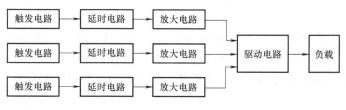

图 5-4　多路报警器电路原理框图

四、参考电路

多路报警器参考电路如图 5-5 所示。

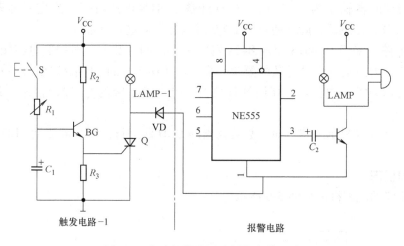

图 5-5　多路报警器设计制作参考电路

　　1. 触发电路：如图 5-5 所示为其中任一路触发电路示意图，按键 S 代表报警轻触开关，当开关按下时，电容 C_1 经电阻 R_1 充电，实现延迟触发电路；再经过晶体管 BG 放大，驱动晶闸管 Q，点亮 LAMP-1 指示灯，指示报警，同时信号经二极管 D 触发后继报警电路。

　　2. 报警电路：报警电路由 NE555 和驱动电路构成。

五、设计制作报告要求

写出设计制作过程和调试过程。

5.4　数字转速仪电路的设计制作

一、设计制作任务与要求

设计制作一个数字转速仪电路，要求如下：

1）数码显示转速。

2）转速精度 ±1rad/s。

3）误差小于 0.1% 。

二、设计制作思路

数字转速仪电路由霍尔传感器电路、定时器电路、控制电路、计数电路、译码、驱动和显示电路等组成。

1. 霍尔传感器。由磁钢、开关性集成霍尔元件和电平转换电路组成。当转动部件转动时，磁块与霍尔元件的相对位置发生变化，通过霍尔元件的磁通量发生变化，其输出电压也发生变化。当磁块经过霍尔元件时，输出端产生一个低电平脉冲，该脉冲周期对应转动部件的转动周期。

2. 定时器电路。由 555 时基电路、R，C 等组成单稳态触发器，产生 60s 的信号，以脉冲信号的形式输出。在 NE555 的输出端，接一指示电路，当 NE555 输出为"1"时，LED 发光，开始计数；当定时时间等于 60s 时，NE555 输出为"0"，LED 熄灭，停止计数。

3. 控制电路。采用 74LS00 与非门。由定时器的输出信号控制传感器输出脉冲输入计时器的个数。当定时器输出为"0"时，没有计数，74LS00 被封锁；当定时器输出为"1"时，74LS00 打开，传感器的脉冲通过 74LS00 进入计数器进行计数。

4. 计数电路。采用 CD4518 组成 8421 码同步十进制计数器，对控制电路输出脉冲的下降沿进行计数。为满足下降沿计数的要求，需要将 CD4518 的 CP 端接地，计数脉冲信号接 EN 输入端。因 CD4518 内含两个相同的计数器，可将第一级的 Q_3 输出接第二级的 EN 端，构成串行计数。

5. 译码、驱动和显示电路。对计数器输出的 BCD 码进行译码，并驱动 LED 数码管显示测量的转速。

三、原理框图

数字转速仪的原理框图如图 5-6 所示。

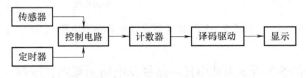

图 5-6　数字转速仪的原理框图

四、参考电路

数字转速仪电路原理图如图 5-7 所示。

定时器开始计时，NE555 输出为高电平，VT 饱和导通，发光二极管 LED 发光，同时打开 74LS00 与非门，由传感器送来的转速计数脉冲信号通过此与非门进入计数器开始计数，并在数码管上显示。在定时时间内，NE555 输出为高电平，控制与非门保持开门状态，当设定的定时时间到来时，NE555 输出低电平，VT 截止，发光二极管 LED 熄灭，同时控制电路与非门被封锁，转速计数脉冲信号不能通过，计数器停止计数，这时显示器上显示的数，就是所测得的转速数。

五、设计制作报告要求

写出设计制作过程和调试过程。

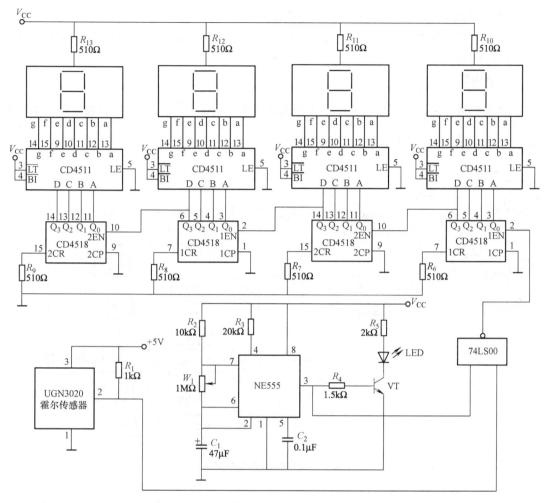

图 5-7　数字转速仪电路原理图

5.5　温度控制器的设计制作

一、设计制作任务与要求

设计制作温度控制电路，要求如下：

1）可设置被控温度的上下限，并对已设置的被控温度上下限具有记忆功能。

2）电路结构简单，调试方便，具有较大范围的控制功能。

3）主要技术指标：

①测温范围：$-50℃ \sim 150℃$。

②控温范围：$0℃ \sim 100℃$。

③分辨率：$0.5℃$。

④控温精度：$\leqslant 1℃$。

二、设计制作思路

1. 温度测量采用热敏电阻传感器，满足测温的技术指标。温度测量电路采用电桥。

2. 数字显示采用 LED 数字表头，以简化电路设计。

3. 温度控制采用磁保持继电器，以完成对温度上下限的控制，并对已设置的被控温度上下限进行记忆。

三、参考电路

温度控制器是由温度测量电路、上下限温度控制电路、$3\frac{1}{2}$ 位 LED 数字表头及电源电路组成（电源电路略），参考电路如图 5-8 所示。

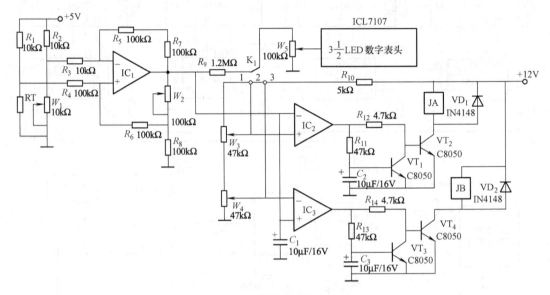

图 5-8 温度控制器参考电路

RT 为 T-121 型 PTC 热敏电阻传感器（正温度系数）。该传感器是由硅的化合物组成，其特点是线性度和互换性都较好，在 25℃时其阻值是 2kΩ。

R_1、R_2、RT、W_1 组成测量电桥，其输出信号接差动放大器 IC_1。IC_1 和 IC_3 组成电压比较器，工作在开环状态。IC_2 作反相输入，IC_3 为同相输入。

W_3 和 W_4 可以预置上下限温度，并通过 K_1 传送到数字表，通过数字表可以直接读取被预置温度的上下限数值。

用户测量温度时，K_1 置于 K_1-1，数字表显示测量温度，同时 IC_1 输出端的测量值送 IC_2 和 IC_3 的反相与同相输入端进行比较。当测量温度低于下限设置时，IC_2 经 VT_1、VT_2 输出直流脉冲电平至继电器 JA，JA 吸合后，接在 JA 触点的加热器开始加热。当温度上升到下限温度设定值时，JA 在磁保持下仍维持触点闭合继续升温。当温度升至上限设定值时，IC_3 经 VT_3、VT_4 输出直流脉冲电平至继电器 JB，JB 吸合，JA 触点转为常开，加热器停止工作。由于加热器停止工作，温度开始下降，当降到上限温度设定值时，JB 在磁保持作用下吸合，维持 JA 的触点常开，这样就能使加热器在低于温度上限时不工作，直至温度下降到下限设定值时，IC_2 再次输出直流脉冲电平至 JA，JA 再次吸合，加热器重新开始加热。这样就完成了温度上下限的控制，并能在磁保持下具备温度设定的记忆功能。

四、关键技术

1. RT 选用 T-121 型正温度系数温度传感器，也可以选用 NTC 型负温度系数传感器，但是电路要稍作改动。IC_1 用 μA741 等型号的单运放，IC_2、IC_3 用 TL082 等型号的双运放。

2. 本电路的关键元件在于磁保持继电器 JA、JB 的选用，该继电器系微功耗型节能继电器，可选用进口的 AE5543、MY2K 等型号，也可以选用国产同类型继电器。

在此电路中，JA、JB 仅能驱动功率较小的加热器具，若用功率较大的加热器，可选功率较大的继电器。

3. 表头可以用成品 $3\frac{1}{2}$ 位 LED 数字表头，也可以参照有关资料自制。

4. 调试与标准：电路焊接无误后，先将温度传感器置于冰水混合溶液中模拟 0℃，调整 W_1 使显示器显示 0℃，然后将温度传感器置于沸水中，模拟 100℃，用标准温度计与之比较，调整 W_2，同时也要适当调整 W_5，使显示数与之相等，这样反复调整数次后就实现了校准。

五、设计制作报告要求

写出设计制作过程和调试过程。

5.6 换气扇控制电路的设计制作

一、设计制作任务与要求

设计制作换气扇控制电路，要求如下：

1）可根据室内气温变化实现换气扇的自动通、断，以改善室内气温环境，当室内温度超过 35℃时，换气扇工作，否则不工作。

2）当室内有害气体浓度超过允许范围时，换气扇工作，否则不工作。

3）可实现换气扇定时自动控制（如工作 10min，停开 1h，自动循环）。

二、设计制作思路

1. 有害气体使用气敏传感器检测，经信号处理电路控制换气扇工作。

2. 温度用热敏电阻检测，经信号处理电路控制换气扇工作。

3. 换气扇定时自动控制由 555 组成的定时控制电路实现。

三、参考电路

换气扇控制电路包括交流降压整流电路（$V_{DD} = +9V$）、有害气敏传感电路、温度检测控制电路和定时控制电路。

1. 温度检测控制参考电路如图 5-9 所示。气敏传感器采用 QM-N5 型气敏半导体器件，温度传感器 RT 采用 MF-51 型 NTC 热敏电阻。

平时室内无有害气体或其浓度在允许范围之内，气敏元件两端 A、B 间阻值较大，B 点电位低于 1V，VD_2、VT_1 均截止，555 的 6 脚呈高电平，555 处于复位状态，可控硅 SCR 截止，换气扇不工作。而当室内有害气体浓度超过允许值时，QM-N5 的阻值迅速减小，B 点电位升高，D_2、VT_1 导通，555 的 6 脚呈低电平，555 置位，SCR 触发导通，换气扇工作。

当室温上升到 35℃时，热敏电阻 R_T 的阻值减小，E 点电位升高，导致 VD_1、VT_1 导通，同样使 555 置位，换气扇工作。

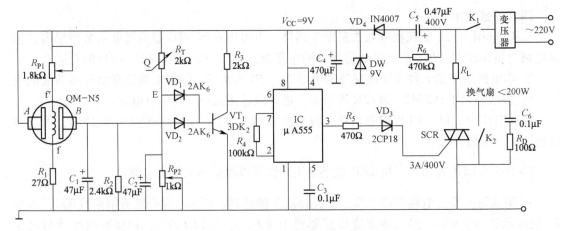

图 5-9　换气扇温度检测控制参考电路

2. 换气扇定时控制参考电路如图 5-10 所示。IC_1、R_1、R_{P1}、C_1 等组成双稳态多谐振荡器，其充电时间 t_a、放电时间 t_b 和周期 T 分别如下：

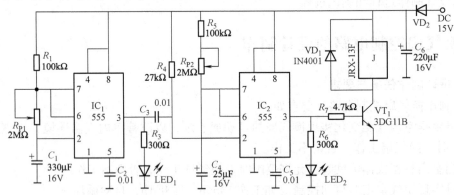

图 5-10　换气扇定时控制参考电路

$$t_a = RC\ln\frac{U_s}{U_s - U}, \quad t_b = RC\ln\frac{U_s}{U}, \quad T = t_a + t_b$$

IC_1 输出的高电平（t_a 时间）和低电平（t_b 时间）交替变化的方波，控制 IC_2 单稳态触发延时电路（由 IC_2、R_5、R_{P2}、C_4 组成），即当 IC_1 的输出由高电平跳变到低电平的下降沿时，IC_2 开始翻转置位、定时，定时时间即为单稳态的暂态脉宽 t_d，计算公式如下：

$$t_d = 1.1 \times (R_5 + R_{P2}) \times C_4$$

调节 R_{P2} 可使风扇转 10min 左右，停开 1h，自动循环，实现定时控制。

四、关键技术

1. 气敏传感器、温度传感器选择时，在满足要求的情况下，应尽量选择廉价的传感器。

2. 传感器检测控制电路的设计应尽量为通用电路。

3. 定时控制电路也可利用其他方案。

五、设计制作报告要求

写出设计制作过程和调试过程。

5.7　遥控调光开关电路的设计制作

一、设计制作任务与要求

设计制作遥控调光开关电路，要求如下：

1）可以通过手动或遥控器来控制电灯的开/关和调光。

2）用一个遥控器可遥控室内不同位置的四个接收器。

3）每路接收器独立控制电灯，输出功率不小于 700W。

4）具有亮度记忆功能，每次开灯，电灯都保持前一次关灯时的亮度。

5）适合用来改装家庭、办公室、宾馆、酒店等场所的灯光设备。

二、设计制作思路

1. 由于一个遥控器需要遥控室内不同安装位置的四个接收器，因此需要进行编码。

2. 遥控电路需要有接收、发送电路。

3. 需要有调光抗干扰电路。

三、原理框图

遥控调光开关电路原理框图如图 5-11 所示。

图 5-11　遥控调光开关电路原理框图

四、参考电路

发射电路如图 5-12 所示。它由通用红外编码遥控发射集成电路 PT2248 组成。其振荡端已内附 500kΩ 电阻，只需外接陶瓷滤波器或 LC 串联谐振电路便可产生振荡，使电路工作，图中 X_1 为 455kHz 陶瓷滤波器。PT2248 的 4～9 引脚、10～12 引脚构成键盘矩阵，本遥控开关只用了其中的四个键，分别控制四个接收器。控制信号由 15 引脚输出，经 Q_2、Q_1 放大后驱动红外发射二极管 VD$_1$ 向外发射遥控信号。

遥控接收电路如图 5-13 所示。IC_3 及 Q_1 组成红外接收及前置放大电路，IC_3 选用通用红外接收器 HS0038，它在电路中起接收红外信号，并对信号进行放大、检波、滤除 38kHz 载频等作用。

IC_1 为通用红外接收解码集成电路 PT2249。在其振荡输入端 15 引脚外接并联的

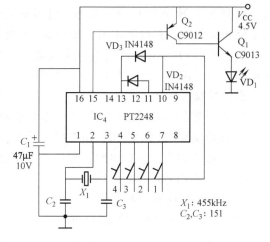

图 5-12　发射电路原理图

RC 电路，产生振荡使电路工作。有 IC_3 输出的红外遥控信号经晶体管 Q_1 放大后输入到 IC_1 的输入端 2 脚，IC_1 内部先对输入信号进行整形，然后再进行数据检验、用户码检验、出错检验等。经检查正确后，相应的输出端变为高电平。IC_1 的 3～12 引脚为信号输出端，本电

路只用了其中的四个输出端，并标有数字 1，2，3，4，分别用波段开关 K_1 进行转换。只有当遥控发射器按键的数字和遥控接收器波段开关的数字相同时，遥控信号才对调光电路起作用。

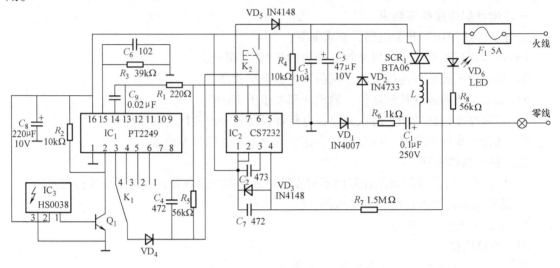

图 5-13　遥控接收电路原理图

IC_2 为专用调光集成电路 CS7232。由 IC_1 输出的信号经波段开关 K_1、二极管 VD_4 输入到 IC_2 的高电平信号输入端 6 引脚，用以控制其输出端 8 引脚的触发脉冲信号，经二极管 VD_5 控制双向可控硅 SCR_1 的导通角及开/关。当遥控发射器送来的指令信号时间小于 0.32s 时，IC_2 控制 SCR_1 实现开关功能，当遥控发射器送来的指令信号时间大于 0.32s 时，IC_2 控制 SCR_1 实现调光功能，即灯光由亮到暗，再由暗到亮作循环式调光，循环一周的时间约为 8s，当调到满意的亮度时松开按键即可。如图 5-13 所示，R_7 为 IC_2 的 4 引脚提供同步信号，C_7 滤除尖脉冲干扰，C_2 为 PLL 滤波电容，VD_5 为双向可控硅 SCR_1 提供触发信号，K_2 为手动控制开关，其控制作用与遥控发射器按键的控制作用相同。

C_1、R_6、VD_1、VD_2、C_5 构成电容降压、整流、滤波、稳压电路。VD_6、R_8 构成电源指示电路，当遥控开关处于关断状态时 VD_6 点亮，接通时 VD_6 熄灭。

五、关键技术

1. 编码发射电路的实现，同用一个集成电路。
2. 接收电路编码的输出使用波段开关进行转换。
3. 滤波电路利用集成电路内部资源加外部器件实现。
4. 调光使用专用集成电路。

六、设计制作报告要求

写出设计制作过程和调试过程。

5.8　彩色音乐电路的设计制作

一、设计制作任务与要求

设计制作一个彩色音乐电路，要求如下：

1）输入电压：DC12V。

2）输入信号：700mV。

3）整机带宽：20～20000Hz。

4）音符频率：采用C调音符。

5）输出信号：同时驱动LED和继电器。

二、设计制作思路

音乐不仅仅可以通过听觉欣赏，也可以通过视觉感受，这就是当今流行的彩色音乐。

大家都知道棱镜分光实验可以把白光分解为红、橙、黄、绿、青、蓝、紫七种基色，具有相应的光谱特性，可以调节人的不同感受。音乐与色彩具有相似的特性，暗颜色相当于奏出低音，亮颜色相当于奏出高音；对调的感受也可通过光谱特性表现，大调颜色比小调亮丽，升调是鲜艳、活泼的，降调是暗淡、消极的。

将音乐与色彩有机的结合，在音乐大厅中，随着音乐的节奏，不同色彩交相辉映，使观众赏心悦目、心旷神怡。

由于音频信号中各个频率成分不同，设计时首先使音乐信号经过选频电路，从中选取相应的频率分量，然后进行放大输出驱动LED或继电器，同时为了抑制杂波干扰，还需要加一级检波比较电路。

三、原理框图

彩色音乐电路原理框图如图5-14所示。

图5-14　彩色音乐电路原理框图

四、电路设计

1. 选频电路：具有频率选择特性的RC电路很多，常见的有RC电桥，单T电桥，双T电桥等，目前使用最多、性能较好的是双T电桥。

双T电桥电路如图5-15所示。

双T电桥平衡条件：

$$\frac{C_1 + C_2}{C_3} = \frac{R_1 R_2}{(R_1 + R_2) R_3} = n$$

当$n = 1$，零输出时：

$$\frac{1}{R_1} + \frac{1}{R_2} = \frac{1}{R_3} \quad C_1 + C_2 = C_3$$

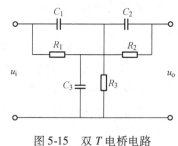

图5-15　双T电桥电路

也就是说电桥纵臂电阻和电容分别等于横臂两点电阻电容的并联。

相频特性：

$$\varphi = -\tan\frac{4\sigma}{1-\sigma^2}, \ \sigma = \omega/\omega_0 = f/f_0$$

2. 检波电路设计：关键在于晶体管的选取，要求检波器提供尽可能大的检波电压和尽可能高的输入阻抗。

3. 多频率组合：由于音乐信号各个频率的响度不同，将各个频率组合以后需要统调一次，提升低电压频率，衰减高电压频率。

五、参考电路

参考电路如图 5-16 所示。

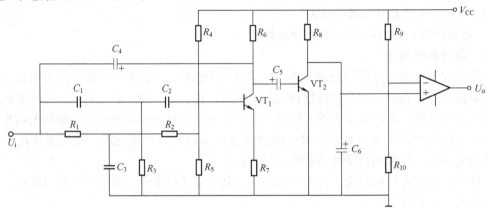

图 5-16　彩色音乐电路设计制作参考电路

六、设计制作报告要求

写出设计制作过程和调试过程。

5.9　音响功率放大器

一、研究目的

1. 加强掌握功率放大电路的原理和分析方法。

2. 学习掌握由集成运算放大器构成的功率放大器和由晶体管组成功率放大器的电路知识。

3. 掌握功率放大器的非线性失真的调节方法和分析方法，加深理解其在工程实践中的应用。

4. 掌握查阅和使用电子器件、集成芯片等说明书的方法。

5. 学习掌握互补对称功率放大电路的基本知识。

6. 掌握和理解阻抗匹配的知识和意义。

7. 在学习掌握本研究型实验提示内容的基础上，设计满足任务要求的电路，并实现电路的仿真、制作和调试。

二、预备知识

1. 了解集成运算放大器的使用方法。

2. 掌握电路阻抗匹配的分析和应用。

3. 了解功率放大电路非线性失真的概念。

4. 掌握功率放大电路的相关基础知识。

三、研究内容与实验目标

1. 基本内容与目标

设计一个音响功率放大器。

任务要求如下：

1）设计一个音响功率放大器的电路图。

2）仔细阅读 LM386 集成芯片说明书，选择合适的电路元件和电路元件参数。

3）对电路设计进行 Multisim 软件仿真。

4）整体电路制作与调试实现。

5）根据选择的元件参数，通过理论计算确定电路电压增益的取值。

6）以多波形信号发生器为信号源，改变信号源输出电压，通过示波器观测在选定电压增益情况下，输入信号电压为何取值范围时，音响功率放大器没有非线性失真。

7）实验检测并计算功率放大器的输入电阻和输出电阻。实验测试音响功率放大器的调试作用。

8）改变输出电阻值（在原电路中的负载两端分别并联 2Ω、10Ω、100Ω、和 $1k\Omega$ 电阻），重新完成 6 中的实验测试，分析输出电阻变化时，音响功率放大器非线性失真变化情况，理解阻抗匹配的概念和意义。

2. 扩展内容与目标

设计一个大功率音响功率放大器。

任务要求如下：

1）设计一个大功率音响功率放大器的电路图，大功率放大器的电路采用集成芯片 LM386（或通用集成芯片 LM741）结合互补对称 OCL 功率放大电路组成。

2）仔细阅读集成芯片说明书和模拟电子技术参考书中有关互补对称 OCL 功率放大电路的相关知识，选择合适的电路元件和电子元件参数。

3）对电路设计进行 Multisim 软件仿真。

4）整体电路制作与调试实现。

5）根据选定的元件参数通过理论计算确定电路电压增益的取值，设计和调试完成输出功率为 20W 的音响功率放大电路。

四、实验仪器及元器件

1. 双踪示波器 1 台。

2. 双路可调直流稳压电源 1 台。

3. 多波形信号发生器 1 台。

4. 万用表 1 只。

5. 集成运算放大器芯片（LM386）1 个。

6. 扬声器（4～10Ω）1 个。

7. 电阻若干。

8. 电容器若干。

9. 滑线变阻器若干。

10. 开关若干。

11. 导线若干。

五、研究原理提示

音响功率放大器的主要作用是给音响放大器的负载提供一定的输出功率。不同的负载有不同的功率要求，例如普通的音响设备的负载可能是几欧，所需的输出功率是几瓦到几十瓦；以高端音响设备 hi-Fi 而言，为了能获得较好的高保真音质和低音效果，其输出的负载扬声器具有几十甚至几百欧，因此输出功率要求几百瓦，甚至更高；对于可以放入人耳朵中的耳机而言，由于负载很小，输出功率的要求也相应小很多。

音响功率放大器的主要作用是为音响设备的负载提供足够输出功率。当负载一定时，希望输出的功率尽可能大，输出信号的非线性失真尽可能小，效率尽可能提高。

功率放大器的常见电路形式有晶体管组成的 OTL （Output Transformerless） 电路和 OCL （Output Capacitorless） 电路。随着半导体器件的发展，也可以采用集成运算放大器专用芯片满足小功率的输出，也可以采用集成运算放大器芯片与晶体管电路结合构成大功率的放大电路。

本次实验采用集成运算放大器专用芯片 LM386 构成音响功率放大器。芯片 LM386 是专为低损耗电源所设计的功率放大器，共 8 个引脚，引脚功能参见 LM386 芯片说明书 （data sheet）。LM386 芯片内部设定的固定电压增益为 20，如果在引脚 1 和引脚 8 之间通过电容搭配，可以获得最高 200 倍的电压增益；芯片的供电电压为 4 ~ 12V，无输入时仅消耗 4mA 电流，且失真低，根据输入电压和芯片的不同选型，输出功率在 325mW ~ 1W 之间。

由 LM386 集成芯片构成的音响功率放大电路如图 5-17 所示。电路中 LM386 集成芯片共用到了 2 ~ 6 五个引脚，各引脚连接方式如图所示，输入信号为 U_i，输出信号为 U_o，负载为 R_L。

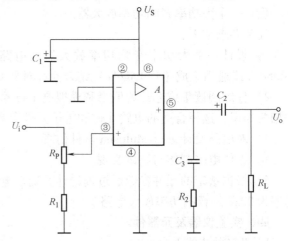

图 5-17　由 LM386 集成芯片构成的音响功率放大电路

六、注意事项

1. 注意在设计互补对称 OCL 功率放大电路时，大功率晶体管的选择应与设计要求相匹配，并且应选择易采购的通用器件。

2. 在实验测试时，应注意避免前级电路对音响功率放大电路的影响，接入的前级电路的输出阻抗必须尽可能小，应与本级电路输入阻抗互相匹配。

七、研究报告要求

1. 通过阅读相关应用实例和背景资料，学习模拟电子技术中的有关由晶体管组成的 OTL 电路和 OCL 电路的相关知识。

2. 掌握信号功率输出电路的工作原理和电路适用范围。

3. 详细记录设计过程。

4. 设计电路的仿真结果。

5. 整理原始记录数据，对记录数据进行计算、分析和处理，并与理论计算结果进行比较，分析实验数据的误差，分析误差产生的原因。

6. 撰写研究心得和体会。

5.10　简易音响系统

一、研究目的

1. 学习和掌握音响系统的功能和各功能模块的电路构成。

2. 学习掌握混合前置放大电路、音量调节电路、音量控制电路和功率放大电路的工作原理。

3. 根据理想运算放大器的功能和原理，结合实际应用情况，掌握实际集成运算放大器的应用设计与调试方法。

4. 掌握放大电路非线性失真、阻抗匹配和频率特性等相关电路理论知识。

5. 掌握给定功能的系统结构设计方法，以及局部功能电路模块的综合与调试。

6. 在学习掌握本研究型实验提示内容的基础上，设计满足任务要求的电路，并实现电路的仿真、制作和调试。

二、研究内容与设计目标

设计一个简易音响系统，要求如下：

1. 电路设计中包括混合前置放大电路、音量调节电路、音量控制电路和功率放大电路等。

2. 简易音响系统的输入可采用 MP3 播放器和话筒。

3. 简易音响系统的输出可采用扬声器（$4 \sim 10\Omega$）。

4. 整体电路制作与调试实现。

5. 对简易音响系统的功能和性能进行分析和评价。

三、实验仪器及元器件

1. 双踪示波器 1 台。

2. 双路可调直流稳压电源 1 台。

3. 多波形信号发生器 1 台。

4. 万用表 1 只。

5. 集成运算放大器 4 个。

6. 扬声器（$4 \sim 10\Omega$）1 个。

7. 电阻若干。

8. 电容器若干。

9. 滑线变阻器若干。

10. 导线若干。

11. MP3 播放器（公用）1 个。

12. 话筒（公用）1 个。

四、研究原理提示

通过本次实验的研究，将有关音响系统中主要功能模块混合前置放大电路、音量调节电路、音调控制电路和功率放大电路等进行综合，形成一个具有相对复杂功能的简易音响系统。

在本系统综合与设计的构成中，要求采用尽可能少的元件构成实现系统功能要求，设计中培养学生成本核算的概念。

简易的音响系统由混合前置放大电路、音量调节电路、音量控制电路和功率放大电路构成，结构框图如图 5-18 所示。

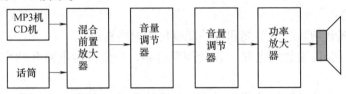

图 5-18　简易音响系统结构框图

对组成简易音响系统中的各模块要有较为详细的研究。

五、注意事项

1. 在调试整个音响系统前，应该先完成各个功能模块的调试。

2. 在调试整个系统时，应注意避免各级电路的相互影响，介入的前级电路的输出阻抗必须尽可能小，应与本级电路输入阻抗互相匹配。

3. 调试过程中，应该注意前级输入信号是否会在后级中引起非线性失真现象。

六、研究报告要求

1. 通过阅读相关应用实例和背景资料，学习音响系统相关的基础知识和应用知识，分析音响系统的功能及特性，学习掌握其在本综合研究实践中的理论依据。

2. 对局部电路系统设计和调试情况进行总结。

3. 对整体系统设计和调试进行总结。

4. 详细记录设计过程。

5. 整理原始记录数据，对记录数据进行计算、分析和处理，并与理论计算结果进行比较分析。

6. 撰写研究心得和体会。

附　　录

附录 A　Electronics Workbench 5.0 的基本使用方法

　　Electronics Workbench 是加拿大 InteractiveImage Technology 公司推出的一种虚拟电子实验平台软件，它是以功能强大的 SPICE 为内核并在其外层增加了一套非常直观且使用方便的人机接口——虚拟仪器而构成的。这些虚拟仪器包括数字万用表、函数信号发生器、频率特性测试仪、示波器、逻辑分析仪等，它们显示在计算机屏幕上，其操作面板的结构和使用方法与真实仪器基本一样，唯一区别是用鼠标单击面板上的按钮来实现操作。EWB 还具有一个较为完整的虚拟元件库。使用 EWB 进行电路设计和电路分析时，只要使用鼠标从元器件库选取所用的元件和设备并进行连线，检查无误后就可启动仿真按钮进行模拟分析，其分析结果通过所选取的虚拟仪器显示出来。整个过程与实际的硬件实验很相似，因此稍有硬件设计经验的人在很短时间内就能初步掌握该软件。

　　EWB 软件具有界面直观、效率高、功能较全、操作方便等特点，比较适合 EDA 初学者使用。下面将以它的 5.0 版本（网络版）为例介绍其基本用法。由于 EWB5.0 的功能很强，限于篇幅，许多操作上的细节不可能面面俱到，这些细节只能靠读者自己去钻研、摸索和总结。

一、EWB5.0 的操作界面

　　启动 EWB5.0 以后可以看到一个如图 A-1 所示的操作界面。

　　EWB5.0 的操作界面可分为以下几个部分：

　　1）EWB 标题栏。

　　2）主菜单，包括 File（文件）、Edit（编辑）、Circuit（电路）、Analysis（分析）、Windows（窗口）和 Help（帮助）6 个主菜单选项。每个主菜单都可以用鼠标单击打开下拉菜单，显示出该选项下的各种操作命令。

　　3）工具栏。

　　4）元器件库和常用仪器库栏：栏中每个图标都表示一种器件库，用鼠标单击某个图标，可打开该库，显示相应的元器件图标。

　　5）电路文件标题栏：显示当前打开的（或正在编辑的）电路文件名。

　　6）电路窗口：EWB5.0 的主工作窗口，所有电路的输入、连接、编辑、测试及仿真均在该窗口内进行。

　　7）电路描述窗口：该窗口位于电路窗口的下方，根据需要可以调整其大小。在该窗口中可以给电路加上必要的注释，以帮助使用者更清楚地了解电路的特性。

　　8）状态栏。

　　9）仿真控制开关。

二、EWB5.0 的元件库

　　EWB5.0 提供了非常丰富的元件库及各种常用测试仪器，给电路仿真试验带来了极大的方

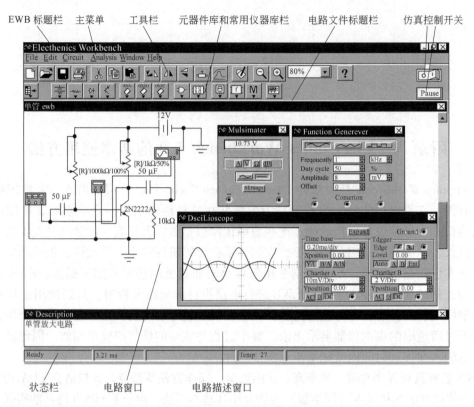

图 A-1　EWB5.0 的操作界面

便。单击元件库的某一个图标可以打开该元件库。下面给出每一个元件库的图标以及该库所包含的元件和含义。关于这些元件的功能和使用方法，读者可使用在线帮助功能查阅有关内容。

1. 信号源库

信号源库图标如图 A-2 所示。

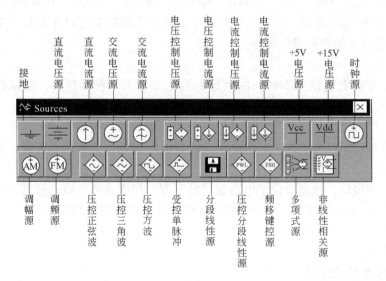

图 A-2　信号源库

2. 基本元件库

基本元件库的图标如图 A-3 所示。

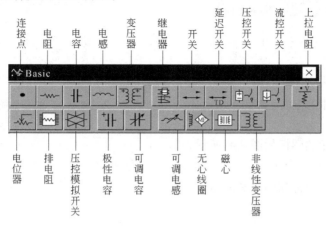

图 A-3　基本元件库

3. 二极管库

二极管库图标如图 A-4 所示。

4. 晶体管库

晶体管库图标如图 A-5 所示。

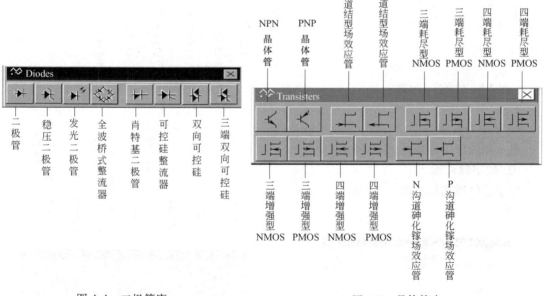

图 A-4　二极管库　　　　　　　图 A-5　晶体管库

5. 模拟集成电路库

模拟集成电路库的图标如图 A-6 所示。

6. 混合集成电路库

混合集成电路库图标如图 A-7 所示。

7. 数字集成电路库

三端运放　五端运放　七端运放　九端运放　比较器　锁相环

图 A-6　模拟集成电路库

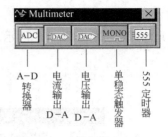

A—D 转换器　电流输出 D—A　电压输出 D—A　单稳态触发器　555 定时器

图 A-7　混合集成电路库

数字集成电路库的图标如图 A-8 所示。

8. 逻辑门电路库

逻辑门电路库的图标如图 A-9 所示。

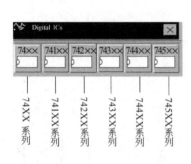

74XXX 系列　741XXX 系列　742XXX 系列　743XXX 系列　744XXX 系列　745XXX 系列

图 A-8　数字集成电路库

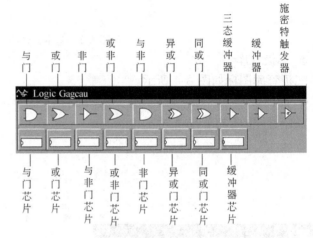

与门　或门　非门　或非门　与非门　异或门　同或门　三态缓冲器　缓冲器　施密特触发器

与门芯片　或门芯片　与非门芯片　或非门芯片　非门芯片　异或门芯片　同或门芯片　缓冲器芯片

图 A-9　逻辑门电路库

9. 显示器件库

显示器件库图标如图 A-10 所示。

10. 数字器件库

数字器件库图标如图 A-11 所示。

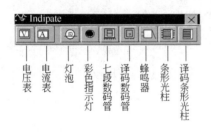

电压表　电流表　灯泡　彩色指示灯　七段数码管　译码数码管　蜂鸣器　条形光柱　译码条形光柱

图 A-10　显示器件库

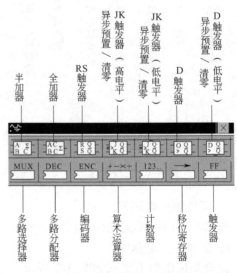

半加器　全加器　RS 触发器　JK 触发器异步预置／高电平　JK 触发器（低电平）异步预置／清零　D 触发器　D 触发器异步预置（低电平）／清零

多路选择器　多路分配器　编码器　算术运算器　计数器　移位寄存器　触发器

图 A-11　数字器件库

11. 控制器件库

控制器件库的图标如图 A-12 所示。

图 A-12　控制器件库

12. 其他器件库

其他器件库的图标如图 A-13 所示。

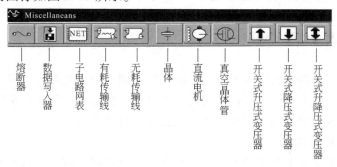

图 A-13　其他器件库

13. 仪器库

仪器库图标如图 A-14 所示。

14. 自定义元件库

自定义元件库的图标如图 A-15 所示。

图 A-14　仪器库　　　　　　　　　　图 A-15　自定义元件库

三、元件的使用

1. 选用元件

单击所需元件库图标，打开该元件库，然后从库中将所需元件拖到电路窗口中。对同一元件可重复进行拖拽。

2. 选中元件

对于单个元件，只需鼠标单击即可。对于多个元件可在按住〈Ctrl〉键的同时一次单击选中。如果要同时选中一组相邻的元件，可用鼠标在电路窗口的适当位置拖动，画出一个矩形框，则该矩形框中的所有元件同时被选中。被选中的元件将会变为红色（仪器除外），以便识别。

3. 元件方位的调整

若移动单个元件，只需用鼠标拖拽即可。若移动一组或多个，须先按上述方法将元件选中然后进行拖拽。元件被移动后，与其相连接的导线会自动重新排列。使用 Rotate（旋转）、FlipHorizontal（水平翻转）、FlipVertical（垂直翻转）命令可实现元件逆时针旋转 90°、水平翻转 180°、垂直翻转 180°。另外，还可使用键盘上的箭头键使被选中的元件作微小的位移。

4. 元件的复制与删除

可使用 Edit 菜单键或右键单击快捷菜单中的相关命令实现元件的复制与删除。此外，若元件库是打开的，直接将元件拖回元件库也可实现删除操作。

四、元件之间及与仪器的连接

1. 元件互连

在屏幕上移动光标箭头指向某元件的引脚，在出现一个小黑点时，即可由该引脚拖拽出一根导线，将此线拖拽到另一个元件的引脚，在出现小黑点时松开鼠标左键，即可实现两个元件引脚之间的互连，导线的走向及排列方式由系统自动完成。

2. 元件与仪器的连接

元件引脚与仪器面板上端子的互连方法与上面完全相同，需要注意的是每种仪器端子的功能与接法不同，具体情况可参阅仪器的使用说明。

3. 导线的拆除

在屏幕上移动光标指向要拆除的导线某一端的小圆点处，当该圆点活动时将该导线脱离相连的节点，再松开鼠标左键，该导线即消失。另外，也可在该导线上单击鼠标右键，在弹出的快捷菜单上选择删除命令来完成。

4. 导线颜色的设置

双击某根导线后可弹出一个 WireProperties（导线属性）对话框，在 SchematicOptions（电路图选项）中单击"SetWireColor"（设置导线颜色）按钮，在六种给定颜色中选择一种，然后单击"确定"即可。连到示波器与逻辑分析仪的输入线的颜色，即为显示波形的颜色，从而提高了显示结果的可读性（即可分辨性）。

5. 节点的设置

在复杂电路中，可以给每个节点设置标示、参考编号以及颜色等，这样有助于对电路图的识别。方法是双击需要进行设置的节点，在弹出的 ConnectorProperties（连接点属性）对话框的 Node 选项卡中进行设置。

五、仪器及仪表的使用

1. 电压表和电流表

EWB5.0 提供了两种基本测量仪表——电压表和电流表，如图 A-16 所示。在测量直流信号时，边框线为粗线的一端代表正极。这两种表在显示器件库中，使用时没有数量限制，可重复选用。双击电压表或电流表可弹出其属性对话框，在其中可以设置表的内阻（电压表为 Ω～MΩ、电流表为 pΩ～Ω）、测量直流还是交流信号，还可设置标号（Label）、故障（Fault）或显示选项（Display）。

2. Multimeter（多用表）

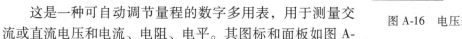

图 A-16　电压表和电流表

这是一种可自动调节量程的数字多用表，用于测量交流或直流电压和电流、电阻、电平。其图标和面板如图 A-17 所示。

它的内阻和表头电流被默认预置为接近理想值，单击"Setting"按钮，将弹出如图 A-18 所示的对话框，其中各个参数的设置范围及多用表面板上各按钮的功能说明如下：

图 A-17　多用表图标和面板

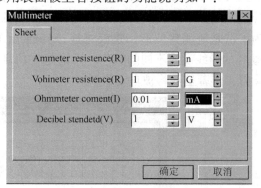

图 A-18　多用表参数设置对话框

1）A（安培表）。用于测量通过某节点电路的电流，像实际的安培表一样必须串联到电路中。若要测量电路中其他点的电流，则需重新连接，电路也要再次激活。如果要测量电路中多个点的电流，建议使用显示器（Indicators）器件库中的电流表。安培表的内阻非常小，默认设置为 1nΩ。

2）V（伏特表）。用于测量电路中两点之间的电压。使用时需将电压表并联在待测元件的两端。当电路激活后，伏特表上的显示值会不断变化，直至最终测量值。如果需要测量电路中多个电压，建议使用显示器（Indicators）器件库中的电压。伏特表的内阻非常大，默认设置为 1GΩ。

3）Ω（欧姆表）。用于测量电路中两个测量点之间的电阻，这两个测量点之间的部分被称为元件网络。为了获得正确的测量结果，有几点需要注意：元件网络中不能含有电源或信号源；元件或元件网络已经接地，多用表需设置为 DC；要断开与被测元件或元件网络并联的回路。若要测量电路中其他元件的电阻，则需重新连接，电路也要再次激活。欧姆表的表头电流较小，默认设置为 0.01μA，设置范围为 μA～kA。

4）dB（分贝计）。用于测量电路中两点间的分贝损失。计算 dB 的分贝标准的默认设置为 1V，设置范围为 μV～kV。

5）AC 或 DC。交流或直流，根据信号的类型进行正确选择。

3. FunctionGenerator（函数信号发生器）

该仪器可以产生三种波形，即三角波、方波和正弦波。其图标和面板如图 A-19 所示。

Frequency（频率），调整范围为 0.1Hz～999MHz；Dutycycle（占空比），调整范围为

1% ~99%，用于改变三角波和方波正负半周的比例，对正弦波不起作用；Amplitude（幅度），调整范围为 0.01μV ~999kV，用于改变波形的峰值；Offset（偏移），调整范围为 999V ~999kV，用于给输出波形加上一个直流偏置电平。

4. Oscilloscop（示波器）

双通道示波器用于显示电信号的大小和频率的变化，也可用于两个波形的比较，其图标和面板如图 A-20 所示。当电路被激活后，若将示波器的探头移到别的测试点时不需要重新激活电路，屏幕上的显示将会被自动刷新为新测试点的波形。为了清楚地观察波形，建议将连接到通道 A 和通道 B 的导线设为不同的颜色。无论是在仿真过程中还是仿真结束后，都可以改变示波器的设置，屏幕显示将被自动刷新。

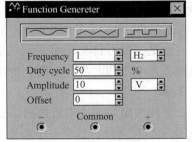

图 A-19　函数信号发生器图标和面板

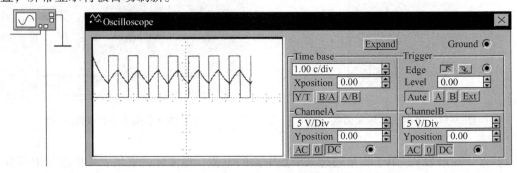

图 A-20　示波器图标和面板

如果示波器的设置或分析选项改变后，如降低示波器的扫描速率等，则波形可能会出现突变或不均匀的现象，这时需将电路重新激活一次，也可通过增加仿真时间步长（SimulationTimeStep）来提高波形的精度。

示波器面板上可设置的参数主要有以下几项：

1）Time base（时基）。设置范围为 0.10ns/Div ~1s/Div。时基设置用于调整示波器横坐标或 X 轴的数值。为了获得易观察的波形，时基的调整与输入信号的频率成反比，即输入信号频率越高，时基就越小，一般取输入信号频率的 1/3 ~1/5 较为合适。

2）Xposition（X 轴初始位置）。设置范围为 –5.00 ~5.00。该项设置可改变信号在 X 轴的初始位置。当该值为零时，信号将从屏幕的左边缘开始显示，正值从起点往右移，负值反之。

3）工作方式（Y/T、A/B、B/A）。Y/T 工作方式用于显示以时间为横坐标的波形；A/B 和 B/A 工作方式用于显示频率和相位差，如 Lissajous 图形，相当于真实示波器上的 X – Y 或拉 Y 工作方式，也可用于显示磁滞环（HysteresisLoop）。当处于 A/B 工作方式时，波形在 X 轴上的数值取决于通道 B 的电压灵敏度（V/Div）设置。B/A 工作方式时反之。若要仔细分析所显示波形，在仪器选项对话框里可选中"Pauseaftereach-screen"（每屏暂停）方式，若要继续观察下一屏，可单击工作界面右上角的 Resume 框，或按〈F9〉键。

4）Ground（接地）。如果被测电路已经接地，那么示波器可以不再接地。

5）VoltsperDivision（电压灵敏度）。设置范围为 0.01mV/Div ~ 5kV/Div。该设置决定了纵坐标的比例尺，当然若在 A/B 或 B/A 工作方式时也可以决定纵坐标的比例尺。为了使波形便于观察，电压灵敏度应调整为合适的数值。例如，当输入一个 3V 的交流信号时，若电压灵敏度设定为 1V/Div，则该信号峰值显示在屏幕的最顶端。若电压灵敏度增大，波形将减小；若灵敏度减小，波形的顶部将被削去。

6）YPosition（Y 轴起始位置）。设置范围为 -3.00 ~ 3.00。该设置可改变 Y 轴的起始位置，相当于给信号叠加了一个直流电平。当该值设置为零时，Y 轴的起始点位于原点，设值为 1 时，则表示 Y 轴的起始点向上移一格，其表示的电压值取决于该通道的电压灵敏度。改变通道 A 和通道 B 的 Y 轴起始位置可使两通道的波形便于观察。

7）InputCoupling（输入耦合）。可设置类型为 AC、0、DC。当置于 AC 耦合方式时，仅显示信号中的交流分量。波形在前几个周期的显示可能是不正确的，等到计算出直流分量并将其去除后，波形就会正确的显示。当置于 DC 耦合方式时，将显示信号中的直流分量和交流分量之和。当置于 0 时，相当于将输入信号旁路，此时屏幕上会显示一条水平基准线（触发方式需选为 AUTO）。

8）Trigger（触发）。其具有以下几种情况：

①TriggerEdge（触发边沿）。用于选择首先显示上升边沿还是下降边沿。

②TriggerLevel（触发电平）。设置范围为 -3.00 ~ 3.00。触发电平是示波器纵坐标上的一个点，它与被显示波形一定要有相交点，否则屏幕上将没有波形显示（触发信号为 AUTO 时除外）。

③Trigger（触发信号）。内触发：由通道 A 或 B 的电压来触发示波器内部的锯齿波扫描电路。外触发：由示波器面板上的外触发输入口（位于接地端下方）输入一个触发信号。如果需要显示扫描基线，则应选择 AUTO 触发方式。

9）Expand（面板扩大）。单击面板上的"Expand"按钮可将示波器的屏幕扩大，扩大后的屏幕如图 A-21 所示。若要记录波形的准确数值，可将游标 1（通道 A）或游标 2（通道 B）拖到所需位置，时间和电压的具体测量数值将显示在屏幕下面的方框里。根据需要还可将波形保存（所存文件名为 *.SCP），用于以后的分析。"Reverse"按钮用来把屏幕恢复为原状态。

5. BodePoltter（波特图示仪）

波特图示仪如图 A-22 所示，用于观测电路的频率特性。当波特图示仪接入电路中后，将对电路进行频率分析，其功能类似于实验室中的扫频仪。波特图示仪的频率测量范围非常宽，由于它没有信号发生电路，因此必须在电路中接入一个交流信号源，但对该信号源的频率设定没有特殊要求。

波特图示仪的横坐标和纵坐标比例尺的初值和终值被默认设置为最大值。这些数值根据实际情况可以修改，但如果在仿真完成后改变它们，须将电路重新仿真一次方可刷新原有的数据。和大多数测量仪器不同的是，如果波特图示仪的探头被改接到其他测试点时，最好能将电路重新仿真一次，以确保得到完整与准确的结果。

下面介绍波特图示仪面板上可设置的主要参数。

（1）Magnitude&Phase（幅频特性和相频特性）

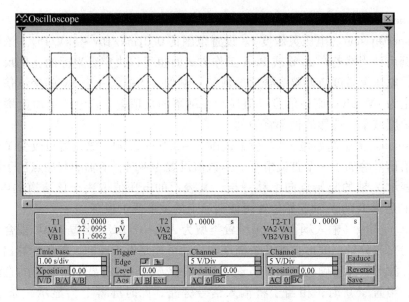

图 A-21　示波器的屏幕放大

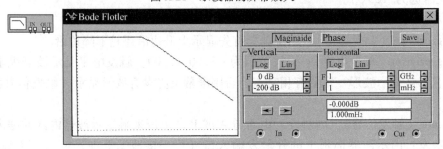

图 A-22　波特图示仪

　　波特图示仪所显示的幅频特性是指两测量点电压的比值（电压增益，用 dB 表示）在某个频率范围内的变化规律，波特图示仪所显示的相频特性是指两测量点的相位差（用角度表示）在某个频率范围内的变化规律。

　　波特图示仪有 In 和 Out 两对端口，其中 In 端口的 V_+ 端和 V_- 端分别接在电路输入端的正端和负端，Out 端口的 V_+ 端和 V_- 端分别接在电路输出端的正端和负端。若测量对象为某一特定元件时，应将 In 端口或 Out 端口的 V_+ 端和 V_- 端分别接在该元件的两端。

　　（2）横坐标和纵坐标的设置

　　横/纵坐标的设置如下：

　　1）参考坐标。当要在一个很大的范围内对电路进行分析时，一般采用对数坐标系，如分析电路的频率响应等。当参考坐标在 log（对数）和 lin（线形）之间切换时，不必对电路重新仿真，屏幕显示的特性曲线会自动刷新。

　　2）横坐标的设置。设置范围为 1.0MHz ~ 10.0GHz。横坐标通常表示频率，它的比例尺取决于 X 轴初值（I）和终值（F）的设置。由于频率分析需要很大的频率范围，所以横坐标通常用对数形式来表示。

　　3）纵坐标设置。设置范围为测量幅频特性时，$-200 ~ 200dB$（log），$0 ~ 10e + 09$

（lin）；测量相频特性时 −720 ~ 720 （log 或 lin）。测量幅频特性时，纵坐标表示电路的输出电压与输入电压之比，对于对数坐标系单位是 dB （分贝），对于线形坐标系只是一个比值，没有单位。当测量相频特性时，纵坐标表示电路的相位差，不管是对数坐标还是线形坐标，单位都是度。

（3）数据的读取

拖拽波特图示仪屏幕垂直方向的游标（初始位置与 Y 轴重合），可读取特性曲线上频率、输入输出电压比值以及移相角，也可通过鼠标单击面板上的左、右箭头键来读取。数据显示在面板右下方的方框里，根据需要还可将其保存，保存文件名为 ∗.BOD。

由于该波特图示仪是一个数字化仪器，采样点并不连续，所以有些数据可能读不到（如 −3dB 点），这可由以下几种方法解决：一是读取相邻两点的数据，再用插值法求出所需点数值；二是缩短横坐标的范围，将特性曲线展宽；三是在"分析选项"对话框中"仪器"栏里提高波特图示仪的采样点数，但这种做法会增加仿真时间，使用时需注意。另外，波特图示仪的参数设置改变后要对电路重新进行仿真，以保证特性曲线的精确显示。

6. WordGenerator （字发生器）

用字发生器可以把数字或位的组合送到电路中，用以对数字逻辑电路进行测试。它的图标和面板布置如图 A-23 所示。下面介绍其常用功能和操作方法。

（1）在字发生器中输入字

仪器面板左边字信号编辑区内为 4 位十六进制数的序列。4 位十六进制数的变化范围是 0000 ~ FFFF （转化为十进制是 0 ~ 65535）。每一行代表了一个 16 位的二进制数。字信号发生器被激活后，字信号按照一定的规律逐行从底部的输出端送出，同时在面板的底部对应于各输出端的 16 个小圆圈内实时显示输出字信号各个位的值。按照下列方法可改变字发生器中的位值：

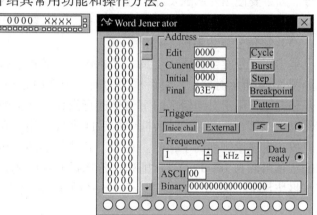

图 A-23　字发生器图标和面板

1）在 Binary 文本框中输入一个 16 位的数（可以改变滚动栏十六进制数值）。

2）改变滚动栏中的 4 位十六进制数（用滚动条、方向键，或是〈PgUp〉和〈PgDn〉键）。

3）在 ASCII 输入区中输入相应得 ASCII 码。

由于这些字都是由字发生器产生的，循环中的每一位数值都会重现在仪器底部的输出端口上。单击"Pattern"按钮弹出对话框，可对编辑区域的字信号进行相应的操作，如保存字信号发生器中的字信号，打开以前保存的字信号文件。该对话框还可以用于清除字信号编辑区，产生有效的字信号。

（2）字信号的输出形式

单击 Setp （单步）、Burst （单贞）或 Cycle （循环）按钮均可将 16 位的字信号加到电路中，该当前字会显示在 Current 显示区内。单击一次"Sept"按钮，输出一条字信号；单击"Burst"按钮，按一定顺序送出所有的字；单击"Cycle"按钮输出一个循环的字信号流，再次单击"Cycle"按钮或按〈Ctrl + T〉键便可停止。若想暂停或重新开始一特定字信号流，可单击"Breakpoint"按钮。在字信号编辑区的滚动框中选择想要插入断点的位置，单击"Breakpoint"按钮就可以插入一个断点。单击滚动屏中的已有断点可移动该断点，而后单击"Breakpoint"按钮。可以使用多个断点，在 Cycle 和 Burst 输出方式中断点都起作用。

在面板的右方有一个 Dataready（数据准备）输出端，该输出端告诉电路字信号发生器的输出数据已经准备好了。

（3）字信号发生器中的地址

字信号发生器面板上的滚动窗口中的每一个字都有一个地址，它以一个 4 位十六进制数的形式表示。当滚动窗口中的字发生改变后，其地址显示在编辑区中。字信号发生器输出字信号时，每一个字的地址同样会在 Current 区显示。在 Initial 和 Final 区输入起始地址和终止地址，便可以在字编辑区中选定需输出字的一个子集。

（4）字信号发生器中的触发及时钟频率

在字信号发生器中如果选取了内部触发源，那么其内部的时钟电路给电路提供一个触发信号。如果要使用外部触发源，选中 External，用一个外部触发源触发电路。

在字信号发生器中设置时钟频率为 Hz、kHz 或 MHz，输出端的每个字便以该频率送出。

（5）字信号发生器的预存储格式

单击字信号发生器面板上的"Pattern"（格式）按钮，弹出如图 A-24 所示对话框。对话框中的前三个选项分别为清除、打开和存储，用于对编辑区的字信号进行操作，字信号的存盘文件以".DP"为后缀。对话框中的后四个选项用于在编辑区生成按一定规律排列的字信号。例如，若选择递增编码，则输出的字信号将按 0000 ~ 03FF 排列；若选择右移编码，则输出字符将按 8000、4000、2000 逐步右移一位的规律排列；其余类推。

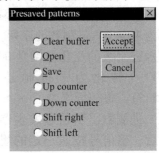

图 A-24　预存储格式对话框

7. LogicAnalyzer（逻辑分析仪）

在一个电路中，逻辑分析仪最多可以显示 16 路逻辑信号。它可以快速采集数字逻辑信号，其先进的时域分析可用于复杂数字系统的设计，并可自动进行错误修正。面板左边的 16 个接线端对应于逻辑信号波形显示区中的 16 路逻辑信号的波形，它的图标和逻辑面板布置如图 A-25 所示。

电路被激活后，逻辑分析仪记录其接线端的输入值。如果观测到触发信号，逻辑分析仪就显示触发前后的数据波形，该波形是一个随时间变化的方波，最上面一个波形显示了通道 1 的值，其后的一个波形显示通道 2 的值，以此类推。当前字的每一位的二进制值将实时显示在仪器面板左边的接线上。

需要注意的是，由于软件算法原因，前几个时钟周期显示的波形可能会不准确。

下面介绍逻辑分析仪的基本用法和主要参数设置。

1）逻辑分析仪的停止和复位

当逻辑分析仪没有被触发时，若想清空其中已储存的数据，可以单击仪器左下角的

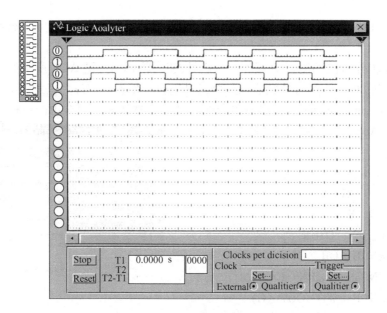

图 A-25　逻辑分析仪图标和面板

"Stop" 按钮。如果逻辑分析仪已经被触发且正在显示波形时，"Stop" 按钮将不起作用。单击 "Reset" 按钮可清除显示过的和正在显示的波形。

2）逻辑分析仪中的时钟

该时钟对波形采样起控制作用，可选择为外部时钟或内部时钟。为便于同步，建议采用外部时钟工作方式。调整时钟设置的方法如下：

1）单击逻辑分析仪中的 Clock 区域的 "Set" 按钮，将弹出如图 A-26 所示的时钟设置对话框。

2）选择上升沿有效还是下降沿有效。

3）选择内时钟还是外时钟模式。见图 A-26 的时钟设置。

4）单击 "Accept" 按钮，时钟限定位对时钟信号起控制作用。若设为 X，时钟限定不起作用，时钟信号决定采样点的读入。若设为 1 或 0 时，仅当时钟信号与设定相符时，采样点才能被读入。

可确定触发前后采样点数。触发信号到来之前，逻辑分析仪保持所设定的触发前各采样点的值，并

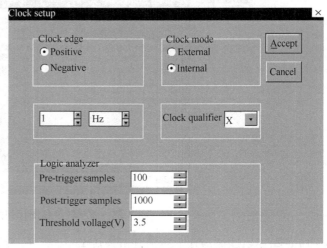

图 A-26　时钟设置

实时更新直到触发信号到来。触发信号到来后，分析仪记录下触发后各采样点的值（同时显示触发前后的各采样点的值）。另外，在对话框中还可以改变阈值电压。

（3）逻辑分析仪中的触发信号

逻辑分析仪由特数字或是组合字触发。设置三个触发字或字的组合（触发方式）的步骤如下：

1）单击逻辑分析仪 Trigger 区域的"Set"按钮，将弹出如图 A-27 所示的对话框。

2）在 A，B，C 输入区可分别输入一个二进制数，X 表示该位为任意（0、1 均可）。

3）打开 Trigger combinatior（触发组合框）选项，选取 8 种组合中的一种。

4）单击"Accept"按钮。七种组合方式分别如下：

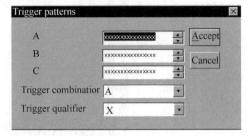

- A　OR　B
- A　OR　B OR　C
- A　THEN　B
- (A　OR　B)　THEN　C
- A　THEN(B　OR　C)
- A　THEN　B　THEN　C
- A　THEN(B　WITHOUT　C)

图 A-27　触发样式对话框

Trigger combinatior 对触发有控制作用。若该位设置为 X，触发控制不起作用，触发完全由触发字决定；若该位设置为 1（或 0），则仅当触发控制输入信号为 1（或 0）时，触发字才起作用，否则即使触发字组合满足条件也不能触发。

8. LogicConverter（逻辑转换仪）

逻辑转换仪是 EWB 特有的仪表，实际工作中不存在与之对应的设备。逻辑转换仪能完成真值表、逻辑表达式和逻辑电路三者之间的相互转化。从真值表和逻辑表达式中可以得到相应的电路，从电路中也可以得出真值表、逻辑表达式。它的图标和面板布置如图 A-28 所示。下面介绍其常用功能和操作方法。

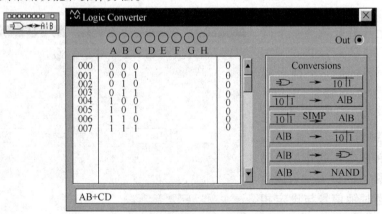

图 A-28　逻辑转换仪图标和面板

（1）用逻辑转换仪从电路中导出真值表

从电路中导出真值表的步骤如下：

1）将逻辑电路的输入端接至逻辑转换仪的输入端。将逻辑转换仪的输出端（1 个）和电路的输出端相连。

2）单击 ⊃—→ 10|1 按钮，在真值表区即出现该电路的真值表。

（2）用逻辑转换仪输入和转换真值表

输入和转换真值表的步骤如下：

1）建立真值表，步骤如下：

①根据输入信号的个数，可从逻辑转换仪上部 A 到 H 通道中选定所需的输入信号。端子下部的显示区（真值表）内会显示满足条件的全部 1 和 0 的组合。右边输入列的初始值设为 0。

②对每一个输入条件的特定输出编辑输出列。

2）改变输出值，选中该输出并键入一新值：1、0 或 X（1、0 均可）。

3）单击 $\boxed{10\overline{1} \rightarrow A|B}$ 按钮，把真值表转换成布尔表达式。布尔表达式将显示在逻辑转换仪底部的面板上。

4）单击 $\boxed{10\overline{1} \overset{SIMP}{\rightarrow} A|B}$ 按钮，把真值表转化成最简单的布尔表达式，或把已存在的布尔表达式转化成最简单的布尔表达式。

通过 Quine-McCluskey 方法进行化简比卡诺图简单。卡诺图只能对最少变量化简，还需要人的直觉。使用 Quine-McCluskey 方法可对任意变量进行化简，但对于手工化简而言太过复杂。

需要注意的是，化简布尔表达式需要很多的内存。如果没有足够内存的话，EWB5.0 将不能完成转换。

（3）用逻辑转换仪输入并转换布尔表达式

在逻辑转换仪的下部逻辑表达式栏中输入一个布尔表达式，与或式及或与式均可。单击 $\boxed{A|B \rightarrow 10\overline{1}}$ 按钮，可以把布尔表达式转化成真值表。单击 $\boxed{A|B \rightarrow \vcenter{\hbox{$\Rightarrow$}}}$ 按钮，可以把布尔表达式转化成相应的电路，满足布尔表达式的逻辑门电路将出现在电路窗口中。另外，也可把所选中的元器件移动到电路窗口的任意位置或把它们放到一个子电路中，单击电路图窗口中的空白位置可释放所选中的元器件。若想得到只由与非门构成的满足布尔表达式的电路图，可单击 $\boxed{A|B \rightarrow NAND}$ 按钮。

六、电路的仿真

在 EWB5.0 上进行的电路仿真，实质上是用 SPICE 程序对所设计的电路进行模拟的过程。因此，为了进行仿真必须先启动 SPICE 程序（该程序已嵌入 EWB5.0）。用单击操作界面右上角上的 SPICE 仿真程序运行启动开关（0 为关，1 为开），或者按〈Ctrl + G〉键，然后双击实验电路中所用仪器，将其面板放大，再按需要调整仪器的设置，边调整边注意观察实验结果。在运行过程中若再次单击启动开关，则可使仿真程序停止运行，也可通过按〈Ctrl + T〉键实现。如果在仿真过程中想暂停，可单击启动开关下方的"Pause"（暂停）按钮，再次单击可恢复仿真，或通过按〈F1〉键也可以达到同样效果。

附录 B　ISP Synario System 的操作说明

系统编程技术（ISP Synario System）是一种新型的 PLD 编程技术，使用可编程逻辑器件完成数字电路和数字系统的设计。它的主要特点是对 PLD 的编程可以直接在用户目标板或系统板上进行，而不需要专门的编程器。它使数字电路和数字系统的设计从传统的"设计——硬件搭试——焊接"的过程转变为"设计——模拟——下载的过程"。主要工作皆在计算机内完成，即将设计的结果用某种方式输入计算机，由开发系统编译、模拟，将其转换为熔丝图文件（JED 文件），然后将 JED 文件下载到 PLD 中，该器件便具有了设计的逻辑功能。

Synario 软件是一套专门为 Lattice 公司 ISP 器件的开发而设计的编程软件。它可对输入的源文件进行编译，生成 JED 文件，并具有仿真功能，支持原理图、硬件描述语言等多种输入方式。

一、Synario 文本方式设计

1. 启动 ISP Synario

屏幕显示如图 B-1 所示。

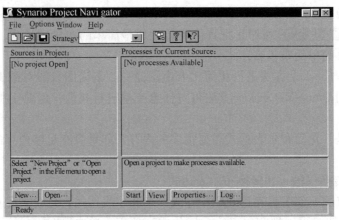

图 B-1　ISP Synario 的屏幕显示

2. 创建一个新的项目设计

创建新项目设计步骤如下：

1）选择 File 菜单的 NewProject 命令，出现图 B-2 所示对话框。

2）在对话框中选择"CREATDIR"按钮，创建工作目录 C：\ISPDEMO，如图 B-3 所示。

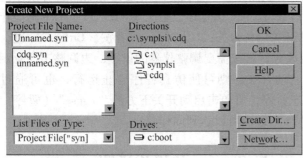

图 B-2　"Create New Project"对话框

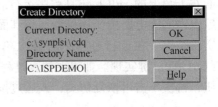

图 B-3　创建工作目录

3）单击"OK"按钮，在下一对话框中键入项目名 DEMO1. SYN，并单击"OK"按钮。

4）现在项目管理器应如图 B-4 所示。

3. 项目命名

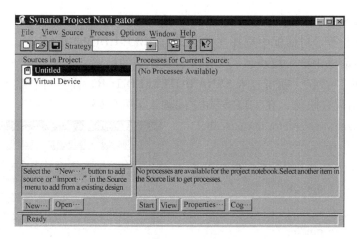

图 B-4　项目管理器

项目命名步骤如下：

1）双击 Untitled 栏。

2）在 TITLE 文本输入框中输入"DEMO-PROJECT"，并单击"OK"按钮。

4. 选择器件

器件的选择步骤如下：

1）双击 Virtual Device 栏。

2）在器件对话框中选择 ISP Synario Device List

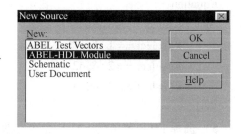

图 B-5　"NewSource"对话框

类的 ISP LSI 1016-80 PLCC44 选项，分别图 B-5，图 B-6 所示。这时，项目管理器形如图 B-7 所示。

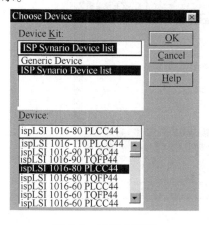

图 B-6　器件对话框

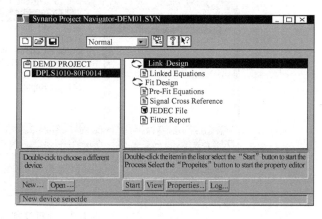

图 B-7　项目管理器

5. 往项目中增加源文件

一个设计由一个或多个源文件组成，这些源文件可以是原理图文件（∗.SCH）、ADEL-HDL 文件（∗.ABL）、测试相量文件（∗.ABV）、用户文件（∗.TXT，∗.DOC，∗.PPN）等。其填加步骤如下：

1）选择菜单 SOURCE 的 NEW 命令。

2）在如图 B-8 所示对话框中选择文件形式为 ABEL-HDLMODULE。

3）在下一对话框中输入模块名、文件名以及模块的标题。

4）单击"OK"按钮，就可进入 SYNARIOTEXTEDITOR，而且可以看到 ABELHDL 设计文件的框架已经出现在眼前，在 TILE 语句之间输入下列代码：

TITLE ' Thisisanewexampleforhowtouseabel '

" inputb

In0,in1,in2,in3   pin3,4,5,6;

s0,s1   pin7,8;

" output

out1   pin25;

select = [s1.. s0];

Equations

out1 = (select ==0)&in0

　　　#(select == 1)&in1

　　　#(select == 2)&in2

　　　#(select == 3)&in3

End

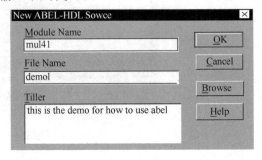

图 B-8　文件形式选择

5）选择 FILE 菜单的 SAVE 命令存盘，退出文本编辑器，当前的项目管理器应如图 B-9 所示。

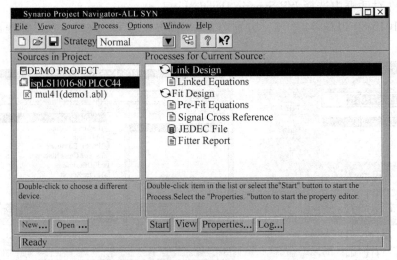

图 B-9　项目管理器

注意有 A 的图标说明源文件为 ABELHDL 文件，mul41 为模块名，demo1. abl 为源文件名。

6. 编译、连接、适配、生成熔丝图

编译、连接、适配、生成熔丝图过程如下：

1）将光标条固定在器件行上，双击右边的 JEDFILE 处理过程。这时会出现如图 B-10

所示的对话框。

2）如果设计正确，则编译、连接、适配完毕后，JEDEC File 左边会出现绿色的查对号，如图 B-11 所示。如出错，SYNARIO 将报告出错信息，可根据出错信息对源文件进行修改，以求最终通过适配。这时可发现 ISPDEMO 目录中已有 DEM-O1. JED 文件生成，这就是本设计适配到 1016 器件后生成的熔丝图。这样，我们就完成了一个四选一芯片的设计。

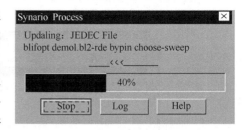

图 B-10　处理过程

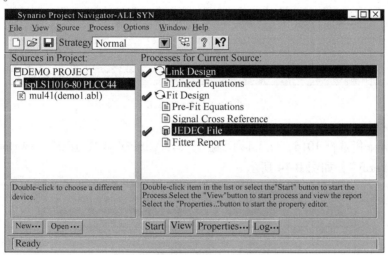

图 B-11　编译、连接、适配完毕

7. 熔丝图下载

其下载过程如下：

1）将器件下载电缆连接到计算机的打印口和实验箱下载口上，将 PLD 器件引脚上的连接导线拆除，打开实验箱和 PLD 电源开关。

2）启动 IDCD，如图 B-12 所示。

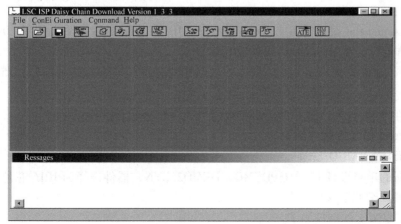

图 B-12　启动 IDCD

3）选择 FILE 菜单的 NEW 命令。

4）在出现的对话框中回答"YES"，对话框消除后，IDCD 显示如图 B-13 所示。

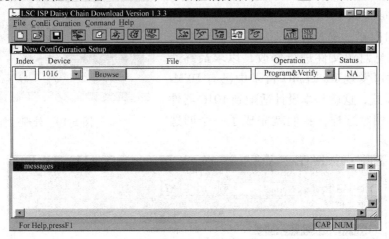

图 B-13　IDCD 显示

5）在 Device 栏选择 1016，在 File 栏输入"C：\ ISPDEMO1. JED"，在 Operation 栏中选择"Program&Verify"，如图 B-14 所示。

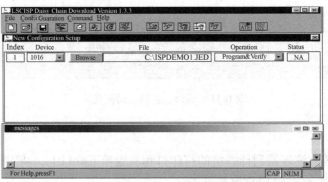

图 B-14　Operation 栏

6）选择 Command 菜单的 RunOpration 命令，IDCD 将根据熔丝图文件对 1016 芯片进行编程，变成结束后会在 Message 栏报告成功信息。

7）关闭实验箱电源，3、4、5、6、7、8 号引脚接线按实验箱开关信号，25 号引脚接输出指示灯。

8）打开实验箱电源，输入相应的实验信号，观察并验证实验结果。

二、Synario 原理图输入练习

1. 启动 ISPSYNARIO

2. 创建新的项目设计 C：\ ISPDEMO \ DEMO2. SYN，器件选择为 1016 芯片

3. 增加原理图源文件

增加原理图源文件过程如下：

1）选择 Source 菜单的 New 命令。

2）在对话框中选择文件类型为 SCHEMATIC（原理图）。

3）在对话框中输入源文件名为 DEMO2. SYN，单击〈ENTER〉按钮。这时进入原理图编辑器，如图 B-15 所示。

4. 输入原理图

在原理图中加入元件，并将其连接起来。其过程如下：

1）选择 ADD 菜单的 SYMBOL 命令，可以看到如图 B-16 所示对话框。

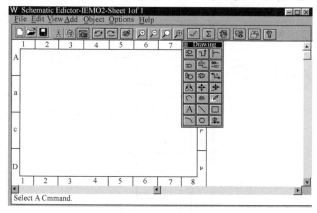

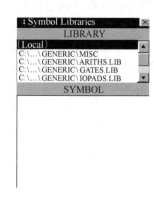

图 B-15　原理图编辑器　　　　　　　　图 B-16　LIBRARY 对话框

2）选择 GATES. LIB 库，然后选择 G-2OR（2 输入端或门）元件符号，如图 B-17 所示。

3）将鼠标光标移动到原理图上，注意现在 2OR 门粘在鼠标光标上。

4）将光标移到合适的位置，单击左键，2OR 门已经放置在图纸空间上。

5）选择 REGS. LIB 库，选中 G-D 寄存器，将其放置在合适位置，然后选择 IO-PADS. LIB，选中 G-OUTPUT 元件，将其放置在合适位置，如图 B-18 所示。

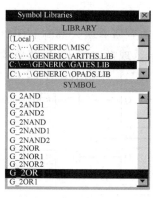

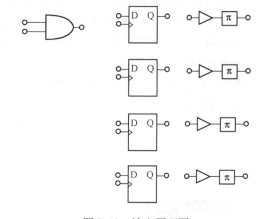

图 B-17　SYMBOL 命令菜单　　　　　　图 B-18　输入原理图

6）选择 ADD 菜单的 WIRE 命令或按〈F3〉键。

7）左键单击 OP 门的输出引脚，并开始画连线。

8）随后每次单击鼠标左键便可变折引线，双击便可终止连线。

9）重复以上步骤，实现如图 B-19 所示的接线。

10）完成设计。我们通过为连线命名和标注 I/OMARKER 来完成原理图。I/OMARKER

是特殊的元件符号，它指明了进入或离开这张原理图的信号名称，注意连线不能被悬空，它们必须连接到 I/OMARKER 或逻辑符号，其步骤如下：

①选择 ADD 菜单的 NETNAME 命令。

②屏幕下面的状态栏将提示输入连线名。

③将光标移到最上面的或门输入端，并在引线的末连接端（即输入脚左端的红色方块）单击鼠标左键，并向左拖动鼠标。这样可以在放置连线名的同时，画出一根输入连线。

④输入信号现在两端该是加注到引线的末端。

⑤重复这一步骤，直到所有的输入输出都加了标注，如图 B-20 所示。

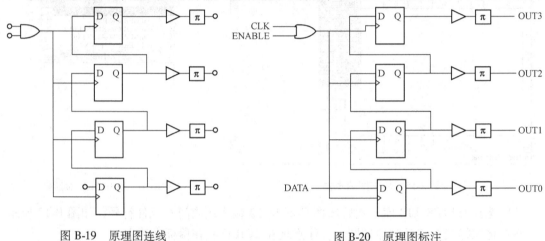

图 B-19　原理图连线　　　　　　　　图 B-20　原理图标注

⑥选择 ADD 菜单的 I/OMARKER 命令。

⑦在对话框中选择 INPUT，如图 B-21 所示。

⑧将鼠标的光标移动到输入连线的末端（位于连线和连线名之间），并单击鼠标左键。这时会出现一个输入 I/OMARKER 标记里面的连线名。

⑨将鼠标的光标移动到下一个输入，重复上述操作，直到所有输入都有 I/OMARKER。

⑩现在原理图输入就基本完成了，它应如图 B-22 所示。现在选择 FILE 菜单的 MATCH-INGSYMBOL 命令，将可看到在 SYMBOLLIBERARIES 的 LACAL 库中有一个叫 DEMO2 的元件符号，如图 B-23 所示。

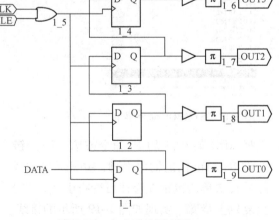

图 B-21　I/OMARKER 命令　　　　　　图 B-22　完成后的原理图

为了保证在适配时能将输入输出信号锁定到芯片的对应引脚上，我们需要进行引脚锁定工作。其步骤如下：

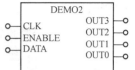

1）将光标固定在项目管理器的 TITLE 栏，选择 SOURCE 菜单的 New 命令，在对话框中选择 UserDoucument，输入文件名 DEMO2.PPN。

2）按以下规定的格式建立引脚锁定文件：

图 B-23　DEMO2
元件符号

[引脚名称]	[引脚属性]	[引脚编号]
CLK	IN	2
ENABLE	IN	3
DATA	IN	4
OUT3	OUT	21
OUT2	OUT	22
OUT1	OUT	23
OUT0	OUT	24

3）选择 FILE 菜单的 SAVE 命令，保存并退出文本编辑器。

4）在项目管理器的左端将光标固定在器件行上，右端固定在 FITDESIGN 栏上，可看见项目管理器下端的"Properties"按钮被激活，如图 B-24 所示。

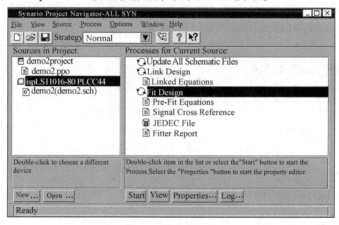

图 B-24　项目管理器

5）单击"Properties"按钮，打开控制参数编辑对话框，如图 B-25 所示。

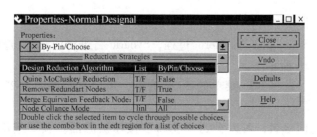

图 B-25　控制参数编辑对话框

6）选择 Pin File Name 行，在 Properties 栏中输入 DEMO2. PPN，按〈Enter〉键，如图 B-26 所示。

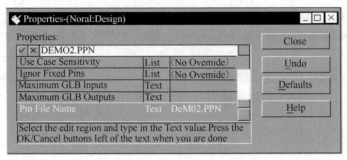

图 B-26　Properties 对话框

三、设计仿真练习

Synario 提供了设计仿真的手段。这样我们就可以在计算机上直接对设计进行仿真，监测设计效果。下面我们结合 DEMO1 进行仿真。

1. 建立新的源文件 DEMO1. ABV，选择文件类型为 Abel Test Vectors。

2. 输入文件如下：

```
MODULEmul41
TITLE ' thisisanexampleforhowtousetest——vector '
" input
In0 , in1 , in2 , in3    pin3 , 4 , 5 , 6 ;
S0 , s1               pin7 , 8 ;
" output
Out1               pin25 ;
Select = [ s1 . . s0 ] ;
Test——vectors
( [ in3 , in2 , in1 , in0 , s1 , s0 ] —— > [ out1 ] )
[ 0 , 1 , 1 , 0 , 0 , 0 ] —— > [ 0 ] ;
[ 0 , 1 , 1 , 0 , 0 , 1 ] —— > [ 1 ] ;
[ 0 , 1 , 1 , 0 , 1 , 0 ] —— > [ 1 ] ;
[ 0 , 1 , 1 , 0 , 1 , 1 ] —— > [ 0 ] ;
END
```

3. 保存并关闭该源文件，项目管理器应如图 B-27 所示。

4. 双击 Equation Simulation Waveform 过程，Synario 将进行仿真，仿真完成后将弹出波形观察器窗口，如图 B-28 所示。

5. 为了观察波形，选择 Edit 菜单的 Show 命令，可以看到如图 B-29 所示对话框，框中已列出所有的信号名。

6. 单击想观察的信号名，可以看到 "Show" 按钮被激活。按下按钮，可以看到该信号的波形被显示在波形观察器窗口上，如图 B-30 所示。

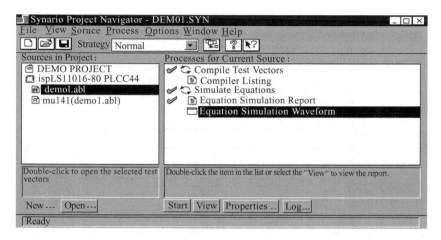

图 B-27　项目管理器

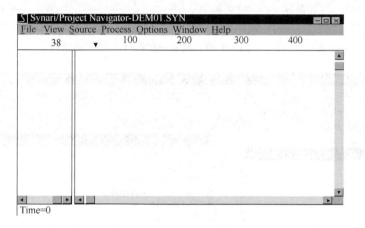

图 B-28　波形观察器窗口

7. 根据仿真波形，就可以检验设计效果，对其进行修改。

四、ABEL 语言和原理图混合输入

在这里，可以将前面的设计合并为一个大的设计，实现较强的功能。

1. 建立一个新的项目 ALL. SYN，选择 1016 器件，项目管理器如图 B-31 所示。

2. 创建图形文件 TOP. SCH，进入图形编辑框。

3. 创建元件符号，过程如下：

1）选择 ADD 菜单中的 New Block Symbol 命令。

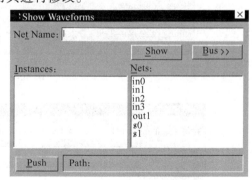

图 B-29　Show 菜单

2）在对话框中输入如图 B-32 所示的信息，单击"RUN"按钮。

3）这时可看到如图 B-33 所示的元件粘在鼠标的光标上，将其放在图中合适的位置。

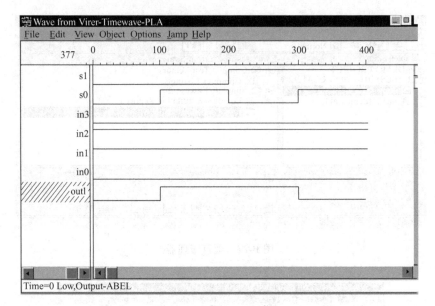

图 B-30　波形观察窗口

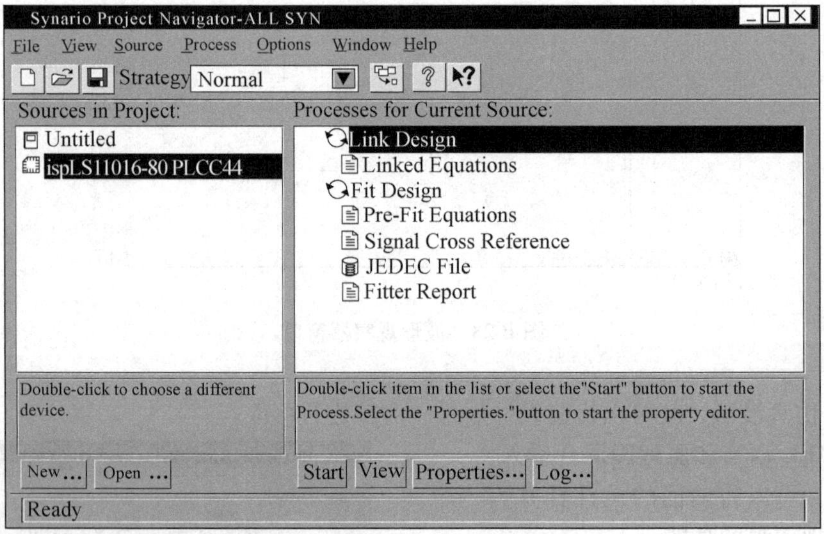

图 B-31　项目管理器

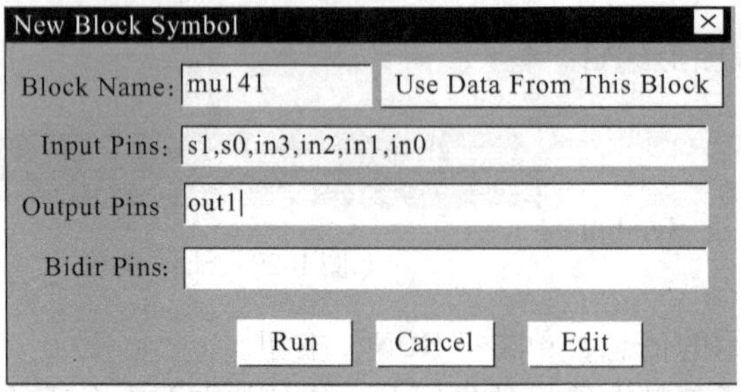

图 B-32　New Block Symbol 命令

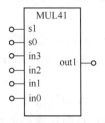

图 B-33　元件符号

4. 选择 ADD 菜单中的 Symbol 命令，可看到 Lolal 库中有一个名为 DEMO2 的元件符号，这是我们上一节使用 File 中的 Matching Symbol 命令生成的。

5. 按上节所述完成原理图，如图 B-34 所示。

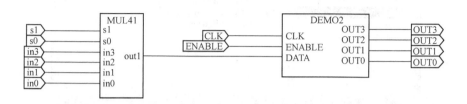

图 B-34　实验原理图

6. 退出图形编辑器，可以看到项目管理器如图 2-35 所示。注意，DEMO2 和 MUL41 模块左边的问号，这表明项目管理器还不知道它们的具体实现功能，同时 DEMO2 和 MUL41 在 ALL 的下方偏右，说明它们是 ALL 模块的底层模块。

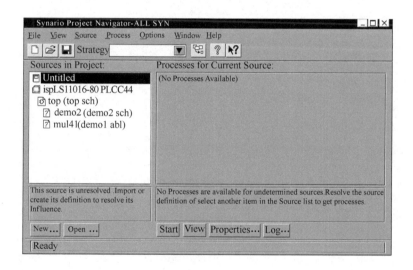

图 B-35　项目管理器

7. 完成下层设计。因为在前面我们已经完成底层模块的设计，现在只需将其加进项目中就可以了。具体步骤如下：

1）将光标条固定在 DEMO2 上，选择 Source 菜单的 Import 命令，在对话框中选择 DEMO2. SCH，项目管理器如图 B-36 所示。

2）同上，将 DEMO1. ABL 加入到 MUL41 模块中。

8. 建立引脚锁定文件 TOP. PPN，在控制参数编辑对话框中进行锁定，就可以进行适配，完成整个设计。

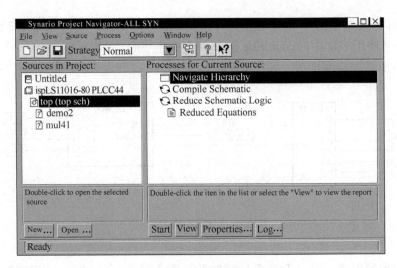

图 B-36　项目管理器

参 考 文 献

[1]　邱关源. 电路 [M]. 4 版. 北京：高等教育出版社，1999.

[2]　陈同占. 电路基础实验 [M]. 北京：北京交通大学出版社，2003.

[3]　孙立山，陈希有. 电路理论基础 [M]. 4 版. 北京：高等教育出版社，2013.

[4]　戴伏生. 基础电子电路设计与实践 [M]. 北京：国防工业出版社，2002.

[5]　秦曾煌. 电工学 [M]. 5 版. 北京：高等教育出版社，1999.

[6]　张民. 电路基础实验教程 [M]. 济南：山东大学出版社，2005.

[7]　王立欣，杨春玲. 电子技术实验与课程设计 [M]. 3 版. 哈尔滨：哈尔滨工业大学出版社，2009.

[8]　张廷锋，李春茂. 电工学实验教程 [M]. 北京：清华大学出版社，2006.

[9]　孙肖子，田根登，徐少莹，等. 现代电子线路和技术实验 [M]. 北京：高等教育出版社，2004.

[10]　杨育霞，章玉政，胡玉霞. 电路试验——操作与仿真 [M]. 郑州：郑州大学出版社，2003.

[11]　王廷才，赵德申. 电工电子技术 EDA 仿真实验 [M]. 北京：机械工业出版社，2003.

[12]　汪健. 电路实验 [M]. 武汉：华中科技大学出版社，2003.

[13]　钱克猷，姜维澄. 电路实验技术基础 [M]. 杭州：浙江大学出版社，2001.

[14]　赵会军，王和平. 电工与电子技术实验 [M]. 北京：机械工业出版社，2002.

[15]　杨建昌. 基础电路实验 [M]. 北京：国防工业出版社，2002.

[16]　吴新开，于立言. 电工电子实验教程 [M]. 北京：人民邮电出版社，2002.

[17]　韩广洪. 常用仪表的使用方法 [M]. 北京：电子工业出版社，2002.

[18]　林占江. 电子测量技术 [M]. 北京：电子工业出版社，2012.